高效养鸡技术

张　蕾　夏风竹　编著

权威专家联合强力推荐　　专业·权威·实用

本书从鸡的优良品种、高效繁殖与孵化、生态饲养、
肉鸡与蛋鸡的高效生产、鸡舍的建设与高效管理、
常见疾病与防治等方面进行了简明而又全面的介绍，
让您轻松掌握高效、生态的养鸡技术，是您发家致富的好帮手。

河北科学技术出版社

图书在版编目（CIP）数据

高效养鸡技术 / 张蕾，夏风竹编著. —— 石家庄：河北科学技术出版社，2013.12（2024.4重印）
ISBN 978-7-5375-6583-7

Ⅰ. ①高… Ⅱ. ①张… ②夏… Ⅲ. ①鸡–饲养管理
Ⅳ. ①S831.4

中国版本图书馆 CIP 数据核字（2013）第 299523 号

高效养鸡技术

张　蕾　夏风竹　编著

出版发行　河北科学技术出版社
地　　址　石家庄市友谊北大街330号（邮编:050061）
印　　刷　三河市南阳印刷有限公司
开　　本　910×1280　1/32
印　　张　7
字　　数　140 千
版　　次　2014 年 2 月第 1 版
　　　　　2024 年 4 月第 3 次印刷
定　　价　42.80 元

Preface 序

推进社会主义新农村建设，是统筹城乡发展、构建和谐社会的重要部署，是加强农业生产、繁荣农村经济、富裕农民的重大举措。

那么，如何推进社会主义新农村建设？科技兴农是关键。现阶段，随着市场经济的发展和党的各项惠农政策的实施，广大农民的科技意识进一步增强，农民学科技、用科技的积极性空前高涨，科技致富已经成为我国农村发展的一种必然趋势。

当前科技发展日新月异，各项技术发展均取得了一定成绩，但因为技术复杂，又缺少管理人才和资金的投入等因素，致使许多农民朋友未能很好地掌握利用各种资源和技术，针对这种现状，多名专家精心编写了这套系列图书，为农民朋友们提供科学、先进、全面、实用、简易的致富新技术，让他们一看就懂，一学就会。

本系列图书内容丰富、技术先进，着重介绍了种植、养殖、职业技能中的主要管理环节、关键性技术和经验方法。本系列图书贴近农业生产、贴近农村生活、贴近农民需要，全面、系统、分类阐述农业先进实用技术，是广大农民朋友脱贫致富的好帮手！

中国农业大学教授、农业规划科学研究所所长
设施农业研究中心主任 张天柱

2013年11月

Foreword ☞ 前言

农业是国民经济的基础，是国家稳定的基石。党中央和国务院一贯重视农业的发展，把农业放在经济工作的首位。而发展农业生产，繁荣农村经济，必须依靠科技进步。为此，我们编写了这套系列图书，帮助农民发家致富，为科技兴农再做贡献。

本系列图书涵盖了种植业、养殖业、加工和服务业，门类齐全，技术方法先进，专业知识权威，既有种植、养殖新技术，又有致富新门路、职业技能训练等方方面面，科学性与实用性相结合，可操作性强，图文并茂，让农民朋友们轻轻松松地奔向致富路；同时培养造就有文化、懂技术、会经营的新型农民，增加农民收入，提升农民综合素质，推进社会主义新农村建设。

本系列图书的出版得到了中国农业产业经济发展协会高级顾问祁荣祥将军，中国农业大学教授、农业规划科学研究所所长、设施农业研究中心主任张天柱，中国农业大学动物科技学院教授、国家资深畜牧专家曹兵海，农业部课题专家组首席专家、内蒙古农业大学科技产业处处长张海明，山东农业大学林学院院长牟志美，中国农业大学副教授、团中央青农部农业专家张浩等有关领导、专家的热忱帮助，在此谨表谢意！

在本系列图书编写过程中，我们参考和引用了一些专家的文献资料，由于种种原因，未能与原作者取得联系，在此谨致深深的歉意。敬请原作者见到本书后及时与我们联系（联系邮箱：tengfeiwenhua@sina.com），以便我们按国家有关规定支付稿酬并赠送样书。

由于我们水平所限，书中难免有不妥或错误之处，敬请读者朋友们指正！

编　者

CONTENTS

目 录

 第一章 鸡的选育

第二章 鸡的繁殖与孵化

第三章 鸡的营养与生态饲养

第四章 肉鸡生产

第五章 蛋鸡生产

第六章 鸡舍的建设与高效管理

第七章 鸡常见疾病与防治

第一章
鸡的选育

第一节 我国的地方品种资源 〉〉〉

我国的家禽地方品种是世界上最丰富的。到目前为止，有超过200种家禽被发现。地方品种虽然具有较强的适应能力且肉质上乘，但没有较强的商品竞争力，生产性能不高，不适合高密度饲养。下面介绍几种具有代表性的地方品种。

一、仙居鸡

仙居鸡原产地为浙江省仙居县，是蛋用型中著名的优良品种。单冠、眼大、颈长、尾翘、骨细，体格偏小、肌肉结实、紧凑匀称，动作敏捷，胆小，属于神经质型。有多种毛色，一般分为白、黑、黄、麻雀斑色。其中胫部有黄、青及肉色等不同颜色。有抱性，性成熟较早，具有较强的繁殖能力，在公母比例为1：16~1：20的情况下，受精率高达94.12%。年产蛋量平均为180~200枚，蛋重平均为43克，蛋壳为淡褐色。成年公鸡体重约为1.5千克，母鸡约为1.0千克。现阶段科研单位在产区设立原种场以便进行选育，以期其经济性能可以尽快得到提高。

二、固始鸡

固始鸡原产地为河南省固始县，是蛋肉兼用型中著名的优良品种。其特点是个体偏大、产蛋多、耐粗饲、抗病力强。在现阶段我国的地方品种中，固始鸡的品种资源保存得最好，群体数量也最多。冠分单冠和复冠，尾有长、中、短三种，毛色多为黄色、黄麻色，冠、肉髯、耳叶、脸均为红色，青腿、青脚、青喙。体形小者一般属于"直尾型"，体形大者属于"佛手尾型"。

产蛋期一般在 6～7 月龄，年产蛋量平均为 96～160 枚，蛋重48～60 克，蛋壳为棕褐色。成年公鸡体重平均为 2～2.5 千克，母鸡平均为 1.2～2.4 千克。

三、萧山鸡

萧山鸡原产地为浙江省杭州市萧山区。其特点是个体偏大，单冠。冠、肉髯、耳叶均为红色，颈羽黄黑相间，喙、胫为黄色。此鸡有较强的适应能力，产蛋期一般在 6～7 月龄，年产蛋量平均为 130～150 枚，蛋重 50～55

克，蛋壳为褐色。成年公鸡体重平均为 2.5～3.5 千克，母鸡平均为2.1～3.2 千克。

四、寿光鸡

寿光鸡原产地为山东省寿光市，是蛋肉兼用型品种，其特点是产的蛋个头大。寿光鸡个体偏高大，体形分大、中两个类型。头大小适中，单冠，眼大有神。羽毛黑色，皮肤白色，冠、肉髯、耳和脸均为红色，喙、跖、趾为黑色。大型寿光公鸡的成年体重平均为3.8 千克，母鸡平均为 3.1 千克，年产蛋量平均为 90～100 枚；中型寿光公鸡的成年体重平均为 3.6 千克，母鸡平均为 2.5 千克，年产

蛋量平均为120~150枚。产蛋期一般在8~10月龄，蛋重平均在65克以上，蛋壳为褐色，壳厚且牢固，易保存，不易损坏。

五、浦东鸡

浦东鸡原产地为上海市黄浦江以东地区，是肉用型鸡。其体形略微方形，羽毛疏松，骨粗脚高，体躯偏大。单冠，喙、脚为黄色或褐色，皮肤黄色。公鸡羽毛一般为金黄色或红棕色，母鸡羽毛一般为黄色、麻黄色或麻褐色，主翼羽和尾羽有黄黑相间的纹路。其主要特点是体大、肉多、皮下脂肪丰满。产蛋期一般在7~8月龄，年产蛋量平均为120~150枚，蛋重平均为55~60克，蛋壳为红褐色。3月龄体重可达1.25千克，成年公鸡体重4~4.5千克，母鸡2.5~3千克。具有较强的就巢能力，但早期生长速度慢。与科尼什鸡或白洛克公鸡杂交生产商品肉鸡的效果较佳。

六、北京油鸡

北京油鸡产地为北京郊区，是肉用型鸡。依据体形和毛色分为红褐色油鸡和黄色油鸡两大类。红褐色油鸡身披红褐色羽毛，单冠，冠毛尤其发达，视线常被冠毛遮住，脚羽亦发达。公鸡体重平均为2~2.5千克，母鸡平均为1.5~2.0千克。蛋重约为59克。成熟期较晚。黄色油鸡身披浅黄色羽毛，有些冠部羽毛稀少或者没有，脚爪有羽毛。单冠，冠多皱褶成S形。年产蛋量约为120枚，蛋重约为60克，性成熟期平均为264天。成年公鸡体重平均为2.5~3.0千克，母鸡平均为2~2.5千克。

七、惠阳鸡

惠阳鸡主要产地为广东省惠阳、惠东、博罗等县，是肉用型鸡。其特点是黄羽、黄喙、黄脚、黄胡须；头大小适中，单冠直立，短肢；胸部宽厚，胸肌丰满。年产蛋量平均为 70~90 枚，蛋重约为 47克。85 天体重达 1.1 千克，成年公鸡体重平均为 2 千克，母鸡平均为 1.5 千克。此鸡具有较强的就巢能力。

八、桃源鸡

桃源鸡原产地为湖南省桃源县、三阳港和深水港一带，是肉用型鸡。其特点是体形偏大，接近正方形。公鸡身披黄红色羽毛，头颈直立，胸挺，背平，脚高，尾羽翘起。母鸡身披黄色羽毛，单冠。头小颈短，羽毛稀松，身躯肥大。开产日龄为 195~255 天，年产蛋量平均为 100~120 枚，蛋重约为 57 克，蛋壳为淡黄色。成年公鸡体重平均为 3.5~4 千克，母鸡平均为 2.5~3 千克。此鸡的优点是具有较强的觅食力，适宜放牧养殖，肉质细嫩鲜美，脂肪丰富；其缺点是生长期长，成熟偏晚。

九、鹿苑鸡

鹿苑鸡主要产地为江苏省张家港市的鹿苑乡，偏于肉用型。其早期生长速度快，成熟期早，1~60 日龄平均日增重可达 13 克，肉质细嫩肥美，具有较好的产蛋能力。年产蛋量平均为 120~140 枚，蛋重约为 52 克，蛋壳为深褐色。成年公鸡体重约为 3 千克，成年母鸡体重平均超过 2 千克。

第二节 育成现代商品杂交鸡的标准品种 〉〉〉

在 20 世纪 50 年代之前标准品种便已育成，并得到了家禽协会和家禽育种委员会的认可。

标准品种的外貌特征较为美观，生产性能较强，遗传性能稳定。与地方品种相比，生产性能优于地方品种，所以在维持其特性方面，要求有较好的饲养管理条件和频繁的选育工作。

一、单冠白来航鸡

单冠白来航鸡原产地为意大利，为蛋用型鸡种的典型代表。该品种成熟期较早且没有就巢性。其特点是体形偏小、体重偏轻；冠大，公鸡的冠较厚且直立，母鸡的冠较薄且偏向一侧；身披白色羽毛，皮肤、喙、胫均为黄色，耳叶白色；性情活泼喜动，擅长飞跃；遗传性稳定，具有较强的适应能力，疾病较少；神经敏感，易受惊吓，易发生啄癖。一般 5 月龄为生产期，年产蛋量平均为 200~300 枚，蛋重平均为 54~60 克，蛋壳为白色。成年公鸡体重平均为 2.0~2.5 千克，母鸡平均为 1.5~2.0 千克。

二、洛岛红鸡

洛岛红鸡原产地为美国洛德岛，是蛋肉兼用型鸡种，分为两个变种，分别为玫瑰冠与单冠。该品种身披酱红色羽毛，皮肤为黄色，冠、肉髯、耳叶和脸均为鲜红色，喙为褐黄色，胫黄色或带微红的黄色。通常情况下，6月龄为产蛋期，年产蛋量平均为160~180枚，蛋重平均为60~65克，蛋壳为红褐色，但颜色不统一。成年公鸡体重平均为3.5~3.8千克，母鸡平均为2.2~3.0千克。

三、横斑洛克鸡

横斑洛克鸡原产地为美国，是蛋肉兼用型鸡种。其特点是单冠，冠和耳叶为红色，喙、胫和皮肤均为黄色。6~7月龄为生产期，年产蛋量平均为170~180枚，高产群平均为230~250枚，蛋重平均为50~55克，蛋壳淡褐色。成年公鸡体重平均为4.0~4.5千克，母鸡平均为3.0~3.5千克。

四、新汉夏鸡

新汉夏鸡原产地为美国新汉夏州，是蛋肉兼用型鸡种。其特点是体态丰满，羽毛生长周期短，身披橙红色羽毛。母鸡7月龄为生产期，年产蛋量平均为170~200枚，蛋重约为60克，蛋壳为深褐色。成年公鸡体重平均为3.0~3.5千克，母鸡平均为2.0~2.5千克。在与地方鸡种的杂交中，新汉夏鸡起到了较好的改良效果。

五、白科尼什鸡

科尼什鸡原产地为英国的康沃耳，它是由几个斗鸡品种杂交培育而成的品种。白科尼什鸡是科尼什鸡在美国与显性白羽的白来航鸡杂交培育而成的。其特点是身披白色羽毛，喙、胫、皮肤均为黄色；豆冠，喙短粗而弯曲；体躯大，胸宽，腿部肌肉发达，站立时体态高昂，争强好斗。成熟期早，60 日龄体重平均达 1.5~1.75 千克。但是产蛋量低，年平均产蛋量约为 120 枚，蛋重平均为 54~57 克，蛋壳为浅褐色。成年公鸡体重平均为 4.5~5.0 千克，母鸡体重平均为 3.5~4.0 千克。现阶段普遍将其用作肉仔鸡的父本。

六、白洛克鸡

白洛克鸡原产地为美国，变种于洛克鸡，是蛋肉兼用型鸡种。其特点是单冠，身披白色羽毛，喙、胫、皮肤均为黄色。年产蛋量平均为 150~160 枚，蛋重约为 60 克，蛋壳为褐色。成年公鸡体重平均为 4~4.5 千克，母鸡平均为 3~3.5 千克。

七、浅花苏赛斯鸡

浅花苏赛斯鸡原产地为英国苏格兰苏赛斯，是蛋肉兼用型苏赛斯鸡种。其特点是单冠，胫短，尾偏低；体长、宽而深；耳叶红色，皮肤白色。它具有较好的产肉性能，易育肥。年产蛋约 150 枚，蛋重约为 56 克，蛋壳为浅褐色。成年公鸡体重平均为 4 千克，母鸡平均为 3 千克。在近代肉鸡育种中，浅花苏赛斯鸡经常被选为母系选育的素材。

第三节 现代商品杂交鸡 〉〉〉

　　现代商品杂交鸡属于专门化的商品品系或配套品系，是杂交而成的鸡种，故无法纯繁复制。

　　在配套杂交鸡种中，根据其经济用途划分为两大品系，即蛋用品系和肉用品系。蛋用品系又分为白壳蛋系、褐壳蛋系、粉壳蛋系和青壳蛋系，肉用品系在我国包括快大型肉鸡和优质型肉鸡两种类型。现代鸡种的命名和编号一般使用育种厂家或公司的名字。现代商品杂交鸡的优点是具有较强的生产能力和生活能力，对商品竞争的需求有较强的适应能力；其缺点是有比较单薄的遗传基础，如现代白壳蛋鸡一般配种于白来航鸡，褐壳蛋鸡一般配种于洛岛红鸡、浅花苏赛斯鸡等品种。

一、蛋鸡品种

（一）京白鸡

　　京白鸡是一个三系配套轻型蛋鸡优良品种，是北京市种禽公司与相关科研单位共同培育而成的，其父系为单系，母系为双系。京白鸡的外貌特征与单冠白来航鸡相似，其特点是成熟期较早；有较强的生命力；需要饲料少，易饲养。

　　京白938父母代0~20周龄成活率为92%，20周龄公鸡体重平均为1.50~1.55千克，母鸡体重平均为1.28~1.33千克。72周龄年产蛋量平均为268~273枚，产合格种蛋200枚，种蛋受精率91%，

提供鉴别母雏 91 只。21~72 周成活率为 92%。其商品代 0~20 周龄成活率为 94%，20 周龄体重为 1.29~1.34 千克。72 周龄年产蛋量平均为 282~293 枚，72 周龄总蛋重为 16.88~17.42 千克，21~72 周龄存活率为 94%，产蛋期料蛋比为 2.4∶1~2.5∶1。

（二）海兰 W-36

海兰 W-36 是高产白壳蛋鸡，由美国海兰国际公司培育而成，其商品代雏鸡的雌雄可根据羽速自行辨别。海兰 W-36 父母代 0~20 周龄成活率为 97%，20 周龄公鸡平均体重为 1.48 千克，母鸡平均体重为 1.19 千克。70 周龄年产蛋 273 枚，提供鉴别母雏 99 只。18~70 周龄存活率为 95%，20~70 周龄孵化率为 88%。其商品代 0~18 周龄成活率为 94%~97%，0~18 周龄需要饲料 5.67 千克。18 周龄体重平均为 1.28 千克。饲养日（14 个月）年产蛋量平均为 299~320 枚，产蛋期存活率为 90%~94%，产蛋期料蛋比为 2.1∶1~2.3∶1。

（三）迪卡白壳蛋鸡

迪卡白壳蛋鸡是白壳蛋鸡品种，由美国迪卡公司培育而成。迪卡白壳蛋鸡商品代 18 周龄体重平均为 1.32 千克，72 周龄年产蛋 293 枚。产蛋期存活率为 92%，50% 产蛋日龄 146 天，产蛋期每天需要饲料 107 克。

（四）伊莎褐壳蛋鸡

伊莎褐壳蛋鸡是高产褐壳蛋鸡良种，由法国伊莎公司培育而成，其商品代的雌雄可根据金银羽色自行辨别。伊莎褐壳蛋鸡父母代 20 周龄公鸡平均体重为 2.25 千克，母鸡平均体重为 1.55 千克，0~22 周龄成活率为

96%。50%产蛋日龄约为150天，22~66周龄年平均产蛋221枚，提供鉴别母雏80只，22~66周龄平均成活率为92.5%，平均孵化率为80%。

（五）迪卡褐壳蛋鸡

迪卡褐壳蛋鸡是高产褐壳蛋鸡良种，由美国迪卡公司培育而成，一共分为A、B、C、D四系，其中A、B系羽毛为红色，C、D系羽毛为白色或基本白色，其商品代的雌雄可根据金银羽色自行辨别。迪卡褐壳蛋鸡父母代18周龄体重平均为1.48千克，0~18周龄成活率为96%，入舍鸡年产蛋量约为213枚，蛋重约为59.7克。种蛋平均受精率为89.7%，平均孵化率81.9%。其商品代18周龄体重平均为1.50千克，育成期成活率为96%~98%，产蛋期成活率为92%~97%。开产日龄在150~165天。入舍鸡年产蛋量平均为270~300枚，蛋重平均为63~64.5克。产蛋期料蛋比为2.28∶1~2.43∶1。

（六）罗曼褐壳蛋鸡

罗曼褐壳蛋鸡是褐壳蛋鸡良种，由德国罗曼公司培育而成，一共分为A、B、C、D四系，其中A、B系羽毛为红色，C、D系羽毛为基本白色，其商品代雏鸡的雌雄可根据金银羽色自行辨别。罗曼褐壳蛋鸡父母代育雏育成期成活率为96%~98%，20周龄母鸡体重为1.60~1.70千克，开产日龄145~155天，68周龄入舍鸡年产蛋量为250~260枚，提供母雏90~95只，产蛋期成活率为94%~96%，孵化率为81%~83%。其商品代育雏育成期成活率为97%~98%，20周龄体重为1.50~1.60千克，50%产蛋日龄152~158天，72周龄入舍鸡年产蛋量为285~295枚，蛋重为63.5~64.5克，72周龄入舍鸡总

蛋重为 18.2~18.8 千克。

（七）海赛克斯褐壳蛋鸡

海赛克斯褐壳蛋鸡是高产褐壳蛋鸡良种，由荷兰优里布里德公司培育而成，此品种商品代雏鸡的雌雄可根据金银羽色自行辨别。海赛克斯褐壳蛋鸡父母代 0~20 周龄成活率为 96%，20 周龄母鸡体重平均为 1.69 千克，68 周龄年产蛋量为 249 枚，入舍鸡年产蛋量为 238 枚，入孵蛋孵化率为 81%，产蛋期死亡率（每 4 周）为 0.7%。其商品代 0~18 周龄成活率为 97%，18 周龄体重为 1.4 千克，50% 产蛋日龄 158 天，78 周龄年产蛋 308 枚，78 周龄入舍鸡年产蛋 299 枚，平均蛋重为 63.2 克，总蛋重为 19.5 千克，产蛋期料蛋比为 2.39∶1，产蛋期每 4 周死淘率为 0.4%。

（八）亚康蛋鸡

亚康蛋鸡是粉壳蛋鸡良种，由以色列 PBI.J 家禽育种协会培育而成。此品种由白来航型白羽和洛岛白型白羽杂交而成，商品代雏鸡的雌雄可根据羽速自行辨别。亚康蛋鸡父母代 0~20 周龄成活率为 94%~96%，24 周龄平均体重为 1.65 千克，28~72 周龄每年提供合格种蛋 171 枚，28~70 周龄每年提供母雏 73 只，21~70 周龄存活率为 92%~94%。其商品代 0~20 周龄成活率为 96%~97%，50% 产蛋日龄 160 天，21~72 周龄年产蛋 265~280 枚，平均蛋重为 62 克。

（九）B-4 蛋鸡

B-4 蛋鸡是中国农业科学院畜牧研究所在引入鸡种的基础上育成的两系配套粉壳蛋鸡良种，父本是洛岛红型红羽，母本为白羽轻型蛋鸡，隐性白羽，其商品代雏鸡可用金银羽色自别雌雄。B-4 蛋鸡商品代 0~20 周龄成活率为 93.4%，50% 产蛋日龄 165 天，开产体重 1.78 千克，72 周龄年产蛋 254.32 枚，72 周龄入舍鸡年产蛋 236 枚，72 周龄饲养日总蛋重为 15.15 千克，72 周龄入舍鸡总蛋重为 14.07 千克，平均蛋重为 59.59 克，产蛋期料蛋比为 2.75∶1，72 周龄存活率为 82.9%。

二、肉鸡品种

（一）爱拔益加肉鸡

爱拔益加肉鸡由美国爱拔益加公司培育。该鸡为白色羽毛，父系为白科尼什型，母系为白洛克型。胸宽，腿粗，肌肉发达，尾羽短。父母代种鸡66周龄入舍母鸡年产蛋184枚，入孵蛋的孵化率可达85%以上。商品代肉鸡42日龄体重为2.07千克，料重比为1.74∶1。

（二）艾维茵肉鸡

艾维茵肉鸡是由美国艾维茵国际家禽有限公司育成的优秀四系配套杂交肉鸡。父母代种鸡66周龄入舍母鸡年产蛋185枚，入孵蛋孵化率为86%左右。商品代肉鸡42日龄体重为1.98千克，料重比为1.72∶1。

（三）哈巴德肉鸡

哈巴德肉鸡由美国哈巴德公司育成。该肉鸡不仅生长速度快，而且具有伴性遗传的特点，通过快慢羽自别雌雄。该鸡羽毛为白色，蛋壳为褐色。父母代种鸡64周龄入舍母鸡年产蛋180枚，入孵蛋孵化率为84%。商品代肉鸡42日龄体重为1.41千克，料重比为1.92∶1。

（四）狄高肉鸡

狄高肉鸡由澳大利亚狄高公司育成。该鸡父本有两个，一个是TMT0，为白羽；另一个是TR83，为黄羽。母本为浅褐色羽毛。商品代的颜色、命名皆随父本。狄高肉鸡同我国地方良种鸡杂交，其后代生产性能高，肉质好，很受欢迎。父母代种鸡64周龄入舍母鸡年产蛋190枚左右，入孵蛋孵化率为89%。商品代肉鸡42日龄体重为1.88千克，料重比为1.87∶1。

（五）红布罗肉鸡

红布罗肉鸡由加拿大雪佛公司育成。这种鸡性情温驯，生长速度快。用红布罗肉鸡同我国地方种鸡杂交的效果较好。羽毛为红黄色或浅褐色，黄胫、黄喙、黄皮肤，冠和肉髯鲜红，胸部肌肉发达，蛋壳为棕色。父母代种鸡64周龄入舍母鸡年产蛋185枚，入孵蛋孵化率为84%左右。商品代肉鸡42日龄体重为1.29千克，料重比为1.86∶1。

（六）安卡肉鸡

安卡肉鸡原产以色列，上海市华青曾祖代场从以色列PBV公司引进过安卡白和安卡红两套曾祖代肉种鸡。安卡肉鸡具有适应性强、耐应激、长速快、饲料报酬高等特点。安卡白父母代64周龄入舍鸡年产种蛋数为172枚左右，每只入舍母鸡提供雏鸡143只；安卡红父母代66周龄入舍母鸡年产种蛋数为161枚，每只入舍母鸡提供雏鸡135只左右。平均孵化率均在84%左右。

第二章
鸡的繁殖与孵化

第一节 鸡的繁殖技术　　　>>>

一、鸡的生殖器官

（一）公鸡的生殖器官

公鸡的生殖系统由睾丸、附睾、输精管和交媾器等组成。睾丸是精子生成和雄激素合成、分泌的场所。公鸡有两个睾丸，呈豆形，对称排列，位于腹腔背侧。10周龄前公鸡睾丸的发育较缓慢，10周龄后发育速度加快，刚出壳的雏鸡睾丸重仅为体重的0.02%，成年时则为体重的1%。

附睾和输精管是精子贮存和成熟的场所。附睾在睾丸的内侧，其体积很小，性成熟后其中充满精液而略显突出。附睾后面连接的是输精管，分别位于两侧肾脏的腹面，呈索状，性成熟后因其中有大量精子存在而呈白色。输精管在与泄殖腔相连处膨大呈壶腹状，末端突出于泄殖腔中。

公鸡没有像哺乳动物那样的阴茎，但有一个由乳嘴、脉管体、淋巴襞和阴茎组成的交媾器。交媾器位于泄殖腔腹侧，性休止时全部隐藏在泄殖腔内。性兴奋时，脉管体、阴茎和淋巴襞中的淋巴管相互连通，淋巴襞勃起，淋巴液流入阴茎体而使其膨大，并在中线处形成一条加深的纵沟。交配时精液经射精沟进入母鸡泄殖腔的输卵管开口处。公鸡的生殖器官见图2-1。

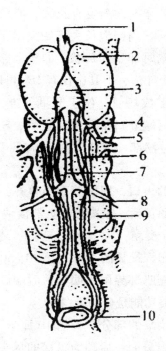

图2-1 公鸡的生殖器官

1. 后腔静脉　2. 睾丸　3. 附睾　4. 肾前叶　5. 肾中叶

6. 输尿管　7. 主动脉　8. 输精管　9. 肾后叶　10. 泄殖腔

（二）母鸡的生殖器官

母鸡的生殖系统由卵巢和输卵管组成。右侧的卵巢和输卵管在孵化中期以后退化，仅左侧发育完善，具有生殖功能。

卵巢不但是形成卵子的器官，而且还能累积卵黄营养物质，以供给胚胎体外发育时需要的营养。卵巢位于腹腔左侧，在左肾前叶前方的腹面，以卵巢系膜韧带附着于腰部背侧壁上，并借助腹膜褶与输卵管相连接。刚出壳的小母鸡的卵巢较小，其重量在0.03克左右，形似一片平滑的小叶，其内深埋着大量的卵细胞。每个卵细胞都被卵泡膜所包着，统称卵泡。卵细胞的发育与卵泡的发育是一致

17

的。随着鸡龄的增长，卵泡逐渐发育长大，卵巢的形状也随着卵泡发育的程度不同而不同。当卵泡长大开始突出于卵巢表面时，其形状呈结节状，到性成熟时即呈葡萄状。卵巢上卵泡的数量很多，用显微镜可观察到上万个卵泡，但其中仅有少数可以达到成熟排卵。

输卵管是鸡蛋的形成场所，位于卵巢下方，为一弯曲的长管，其前端与卵巢相连，后端开口于泄殖腔腹侧。输卵管可分为五个部分，即喇叭部、蛋白分泌部（或膨大部）、峡部（或管腰部）、子宫部和阴道部。

喇叭部为输卵管的入口，周围薄而不整齐，产蛋期间其长度为3~9厘米。卵巢排出卵黄后，很快被喇叭部接纳，如母鸡经过交配，精子即在此部位与卵子受精。

蛋白分泌部为输卵管最长的部分，长30~50厘米，壁较厚，黏膜形成皱褶，前端与喇叭部界限不明显，后端以明显窄环与峡部区分。蛋白分泌部的主要功能是分泌蛋白。

峡部为输卵管最狭窄的部分，长约10厘米，内部纵褶不明显，前端与蛋白分泌部界限分明，后端为纵褶的尽头，蛋的内外蛋壳膜就是在这一部分形成的。

子宫部呈袋形，管壁厚，肌肉发达，长10~12厘米。黏膜形成纵横的深褶，后端止于紧缩部分的阴道部。子宫部形成子宫液，蛋壳、胶护膜和蛋壳的色素也在此形成。

阴道部为输卵管的最后一部分，长10~12厘米，开口于泄殖腔背壁的左侧。阴道部对蛋的形成不起作用，蛋到达阴道部后，只等待产出。蛋产出时，阴道自泄殖腔翻出，因此蛋并不经过泄殖腔。交配时，阴道亦同样翻出接受公鸡射出的精液。母鸡的生殖器官见图2-2。

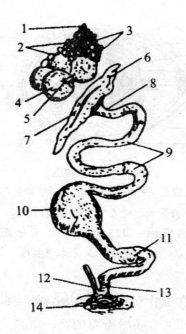

图 2-2　母鸡的生殖器官

1. 卵巢基　2. 发育中的卵泡　3. 排卵后的卵泡　4. 成熟卵泡
5. 卵泡缝痕　6. 喇叭部　7. 喇叭部入口　8. 喇叭部的颈部
9. 蛋白分泌部　10. 峡部（内有蛋）　11. 子宫部
12. 退化的右侧输卵管　13. 阴道部　14. 泄殖腔

二、蛋的构造、形成和产出

（一）蛋的构造

蛋是由蛋壳、蛋壳膜、气室、蛋白、蛋黄及胚盘（或胚珠）等构成的（图 2-3）。

1. **蛋壳**　蛋最外层坚硬的保护物，起着保护蛋黄和蛋白的作用。蛋壳由两层构成，外层是由无机物形成的具有一定抗压强度

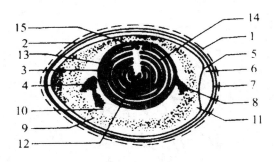

图 2-3　蛋的构造

1. 胶护膜　2. 蛋壳　3. 蛋黄膜　4. 系带层浓蛋白　5. 内壳膜

6. 气室　7. 外壳膜　8. 系带　9. 浓蛋白　10. 内稀蛋白

11. 外稀蛋白　12. 蛋黄心　13. 深色蛋黄

14. 浅色蛋黄　15. 胚盘或胚珠

的海绵层，内层为有机物形成的乳头层。蛋壳的主要成分是碳酸钙，在孵化过程中可供给胚胎需要的钙。蛋壳上密布孔隙（称气孔），胚胎在发育过程中可以通过气孔与外界进行气体交换和水分代谢。蛋壳表面还涂布着一层胶质性黏液，称胶护膜，它能保护鸡蛋不受细菌和霉菌等微生物侵染，防止蛋内水分蒸发，但它很容易脱落，真正起保护作用的时间不长。刚产出的鸡蛋胶护膜明显，随着贮存时间延长、水洗、孵化，胶护膜会逐渐脱落或不明显。

2. 蛋壳膜　蛋壳下的一层包住蛋内容物的膜，敲碎并除去蛋壳后即可看到。它分内外两层，内层直接与蛋白接触，叫蛋白膜（也称内壳膜）；外层紧贴蛋壳，叫外壳膜，在其他部位两层膜都是贴在一起的。蛋白膜与外壳膜在蛋的钝端形成一个囊，叫气室。气室是蛋产下后，由于蛋内容物遇冷收缩，蛋内出现真空，外界空气进入而形成的，其直径在蛋从鸡体产出24小时后为1.3~1.5厘米。鸡蛋放置时间越久，蛋内容物的水分蒸发越多，气室的体积便会逐渐增加。所以，通常可以通过观察气室体积的大小来判断蛋的新鲜程度。

3. 蛋白　带有黏性的半流动透明体，按其成分、黏性和功能可分为系带与系带层浓蛋白（或内浓蛋白）、内稀蛋白、浓蛋白（或外浓蛋白）和外稀蛋白四层。蛋白在蛋黄周围以同心层式积累，具有保护胚盘的作用，并且供给胚胎发育后期所需要的营养物质。

4. 蛋黄及胚盘（胚珠）　位于蛋的中央，轮廓明显，圆而高凸，摇动时其位置会变动。蛋黄是由大小、形状不同的卵黄球体组成的。在蛋黄表面，有一个色淡、细小的圆形斑点，在未受精前称为胚珠，受精之后则称为胚盘。孵化时，胚胎由胚盘开始发育而形成雏鸡。

（二）蛋的形成

鸡蛋是在母鸡的生殖器官（卵巢和输卵管）内形成的。母鸡性成熟后，卵巢上含有许多大大小小发育不同的卵泡，一个卵泡含有一个卵子，卵泡发育成熟后便排出卵子，排出的卵子在未形成蛋前叫卵黄，形成蛋后叫蛋黄。一般母鸡在产蛋后15～75分钟内排卵。卵黄被排出后，立即被输卵管的喇叭部接收，并在此受精；受精后的卵子叫受精卵，受精卵附着在卵黄上进入输卵管的蛋白分泌部，由于卵黄的机械旋转和蛋白分泌部不同部位分泌的蛋白浓度不同，在卵黄周围分别由内向外形成内浓蛋白层、内稀蛋白层、外浓蛋白层、外稀蛋白层及系带。受精卵在蛋白分泌部约存留3小时后靠着蛋白分泌部的蠕动而进入峡部，同时形成内外蛋壳膜。壳膜形成后再进入子宫部，子宫分泌的子宫液（盐分和水分）渗入内外蛋壳膜，使蛋的重量成倍增加，同时也使蛋壳膜膨胀成蛋形。随后在蛋壳膜上沉积蛋壳和色素，蛋产出前会分泌有利于产蛋的润滑剂，也就是胶护膜。至此，一个完整的蛋已形成，下行至阴道部等待产出。

（三）蛋的产出

母鸡一般在排卵25～29小时后产蛋。产蛋前，蛋在子宫是锐端向后，钝端向前，而后做180°转动，所以产蛋时约90%是钝端先产出的。一个完整的蛋在子宫部形成以后，随着子宫的收缩和子宫阴道的括约肌松弛，蛋被推进阴道。阴道壁全面扩张，引起产蛋动作发生，包括呼吸加快、姿势下伏、腹肌收缩，从而把蛋产出。

（四）畸形蛋的产生

正常的鸡蛋为卵形或椭圆形，不符合正常形状的蛋即为畸形蛋。畸形蛋在贮运过程中容易破损，若作为种蛋，受精率和孵化率很低，甚至不能孵出雏鸡。常见的畸形蛋主要有双黄蛋（或多黄蛋）、无黄蛋、软壳蛋（或无壳蛋）、异物蛋、变形蛋等。

形成畸形蛋的原因是多方面的，主要原因是饲料中营养不全、饲养管理不当、母鸡患寄生虫病等（表2-1）。

表2-1　畸形蛋的种类和形成原因

各类	表现	形成原因
双黄蛋（多黄蛋）	蛋特别大，每个蛋有两个卵黄	两个卵黄同时排出，一个成熟，另一个尚未成熟；由于母鸡受惊或物理压迫，卵泡破裂，提前与成熟的卵一同排出
无黄蛋	蛋特别小，无卵黄	蛋白分泌部机能旺盛，出现浓蛋白凝块；卵巢出血造成血块；卵泡膜组织部分脱落
软壳蛋（无壳蛋）	无硬蛋壳，只有壳膜	缺乏维生素D；病理原因；子宫机能失常；输卵管内寄生蛋蛭；母鸡受惊；用药或疫苗使用不当
异物蛋	蛋中有血块、肉斑等	卵巢出血；卵泡脱落随卵黄进入输卵管；有寄生虫等
变形蛋	长形、扁形、腰鼓、皱纹砂壳等	输卵管机能失常；子宫机能失调或反常收缩等

三、鸡的自然交配

（一）公母比例与种用年限

自然交配的鸡群，只有掌握好公母配种比例，才可能获得较高的受精率。如果配种鸡群中母鸡过多，公鸡过少，则每只公鸡负担的配种任务过大，影响精液品质，甚至有些母鸡不能得到公鸡的配种，受精率不高；反之，公鸡过多，又会产生争配现象，公鸡间斗架、踩伤母鸡，干扰交配，同样降低种蛋的受精率。适当的公母比例是：轻型鸡1：12～1：15；中型鸡1：10～1：12；重型鸡1：8～1：10。

公鸡和母鸡的年龄对繁殖率都有影响，只有当公鸡和母鸡处于同样的性活动状态，才能有较高的受精率。如果母鸡的产蛋率很低，则受精率也不会高。母鸡的产蛋量随年龄的增长而下降，第一个产蛋年的产蛋量最高，第二年比第一年下降15%～25%，第三个产蛋年再下降15%～20%。因此，种鸡的种用年限一般为1～2年，育种场的优秀母鸡可使用2～3年。

（二）自然交配的方法

1. **大群配种**　在一定数量的母鸡群中放入一定比例的公鸡，使每一只公鸡和每一只母鸡都有机会自由交配。这种配种方法受精率较高，但不能准确知道雏鸡的父母，一般只用于繁殖种鸡场。配种鸡群的大小，根据具体情况可控制在100～1000只。

2. **小群配种**　又称小间配种，即在一小群母鸡中放入一只公鸡。小群配种要配置自闭产蛋箱，公鸡和母鸡均需配脚号或肩号，种蛋要标记，以期能够清楚后代的父母。小群配种因公鸡和母鸡的配种行为和癖性，其种蛋的受精率不如大群配种好。小群配种一般用于育种场。

3. **辅助配种**　将公鸡饲养在单独的鸡舍或配种笼内，母鸡仍群

养，配种时将 3 只或 4 只母鸡放入公鸡舍或公鸡笼内，任其交配。待交配后，取出母鸡放回原鸡群，再换另一批母鸡与公鸡交配。为了保证良好的受精率，每只母鸡 1 周至少与公鸡交配 1 次。这种配种方法，可以充分利用特别优秀的公鸡，与配母鸡数相比于大群配种和小群配种有了明显提高，但因要人工控制，需花费较多人力。

4. 轮换配种　在进行家系育种时，为了充分利用配种间，多获得配种组合或父系家系以及便于对配种公鸡的后裔进行鉴定，常采用同雌异雄轮换配种的方法。例如同雌异雄轮配一次时，配种开始后在一个配种间（一般为 15 只母鸡配 1 只公鸡）放入第一只种公鸡，第 5 天开始收集种蛋（为第一只公鸡的后代）。第 12 天取出第一只种公鸡，此时种蛋仍为其后代。第 18 天起放入第二只种公鸡，停止收集种蛋。第 24 天开始收取种蛋，作为第二只公鸡的后代。第 30 天取出第二只种公鸡，仍留取种蛋。第 37 天放入第三只种公鸡，停收种蛋。如此往复，用同一群母鸡可分别获得多只种公鸡的后代。因与配母鸡相同，通过后裔鉴定，即可鉴定出多只种公鸡的相对优劣或得到同母多只公鸡的家系。

四、鸡的人工授精

人工授精技术的应用不仅解决了笼养种鸡的配种问题，还可减少公鸡的饲养量（1 只公鸡可配 30~50 只母鸡）、节省饲料、提高育种工作的效率、减少疾病的传播。同时还可以克服公母鸡之间存在的配种障碍，如因公母鸡体重相差悬殊造成自然交配不完全，优秀种公鸡腿部受伤或有其他外伤无法进行自然交配等情况。此外，冷冻精液的使用，可以使配种不受种公鸡生命的限制，也有利于国际间或国内地区间优良品种或品系种公鸡精液的交换。

（一）采精前的准备

1. 人工授精用具准备　人工授精用具主要包括采精杯、小试管、输精枪（或胶头滴管）、剪刀、脱脂棉、保温杯、高压锅、显微镜等。所有用具要准备齐全，洗净、消毒后备用。

2. 公鸡的选择　公鸡经育成期多次选择之后，还应在配种前2~3周内进行最后一次选择。这次选择应特别注意选留健康，体重达标，发育良好，腹部柔软，按摩时有肛门外翻、交媾器勃起等性反射的公鸡，并结合训练采精，对精液品质进行检查。

3. 隔离与训练　公鸡在配种前3~4周内转入单笼饲养，便于熟悉环境和管理人员。配种前2~3周内开始训练采精，每天1次或隔天1次，一旦训练成功，则应坚持隔天采精。经过3~4次训练，大部分公鸡都能采到精液，但有些公鸡虽经多次训练仍不能建立条件反射，这样的公鸡如果是因为没有达到性成熟，则应加强饲养管理并继续训练，否则应淘汰。

公鸡开始训练之前，应将泄殖腔外周1厘米左右的羽毛剪除；采精当天，公鸡须于采精前3~4小时绝食，以防排粪、尿而污染精液。

4. 采精过程中的注意事项　采精用具应经清洗和高温消毒，采精前公鸡应停水2小时、停料3小时左右。保持采精环境的清洁、安静。不要粗暴地对待公鸡，防止公鸡损伤，按摩和挤压泄殖腔时用力要适度。对有疾病的公鸡应及时隔离治疗或淘汰。采精时如公鸡排粪则应用棉球将粪便擦净，凡被污染的精液均不应用于输精。

（二）采精方法

1. 双人采精法　保定人员双手握住公鸡的腿部，用大拇指压住几根主翼羽，使公鸡尾部向前，头向后，再平放于右侧腰部。

采精人员右手小拇指和无名指夹住采精杯，杯口贴于手心（也可用中指和无名指夹住采精杯，杯口向外）；右手拇指和食指伸开，以虎口部贴于公鸡后腹部柔软处。左手伸展，除拇指，其余四指并拢，手掌贴于鸡背部并向后按摩，当手到尾根处时稍加力。连续按摩3~5次，当公鸡出现压尾反射时，左手迅速将尾羽压向其背部，拇指和食指分开，跨捏于泄殖腔上缘两侧。与此同时，右手呈虎口状紧贴于泄殖腔下缘腹部两侧，轻轻抖动触摸。当公鸡伸出交媾器时，左手拇指与食指做适当压挤，精液即流出，右手将采精杯口贴于泄殖腔下缘承接精液。

2. 单人采精法　采精人员坐在约35厘米高的小凳上，左腿放在右腿上，将公鸡双腿夹于两腿之间，使其头向左、尾向右。右手持采精杯贴于公鸡后腹部柔软处，左手由背向尾按摩3~5次，即可翻尾、挤肛和承接精液。

3. 采精频率　公鸡的精液量和精子密度通常随射精次数增多而减少，若采精过于频繁，不仅会使采精量和精子密度明显下降，而且会使畸形精子数明显增加。因此，为确保获得优质的精液以及顺利地完成整个繁殖期的配种任务，一定要掌握好采精频率。一般情况下，每隔1天采精1次，也可每采精2天休息1天。公鸡每次采精量为0.2~1.0毫升。

（三）精液的稀释与保存

鸡的精液数量少、浓度高，通过稀释后可增加精液的容量，便于输精操作，增加输精母鸡数量。使用某些稀释液还可以给精子提供能量，保障精细胞的渗透平衡和离子平衡，延长精子在体外的存活时间。如果采得的精液马上使用，不做保存和运输，可选用一些简单的稀释液，如生理盐水、5%~7%的葡萄糖液、磷酸缓冲液等。一般应用的稀释比例为1:1~1:2，即每毫升精液中加入1~2毫升的稀释液。稀释时应将稀释液缓缓加入精液中，并轻轻摇匀，精液和稀释液的温度应相同。

精液的保存方法有常温保存、低温保存和冷冻保存。常温保存是将采出的精液用含糖稀释液按比例稀释后，置于10~20℃环境条件下密闭保存。这种方法可保存3~5小时。低温保存是将稀释后的精液放在外周包有棉花的贮精试管内，管口塞严，置于3~5℃环境中保存，保存时间可达24小时。冷冻保存是在稀释后的精液中加入防冻剂，而后经过平衡、冷冻后贮存于液氮中。家禽精液冷冻保存的效果一般不太稳定，多数情况下种蛋的受精率偏低。

（四）输精

1. **输精操作**　鸡最常用的输精方法是泄殖腔外翻法。输精时两人操作，助手左手握住母鸡双翅根部，将其尾部上抬。右手掌贴于母鸡后腹部，拇指放在泄殖腔左侧，其余四指放在泄殖腔右侧，稍施加压力使母鸡的泄殖腔外翻。泄殖腔左上部稍隆起处即为输卵管的阴道口（图2-4）。

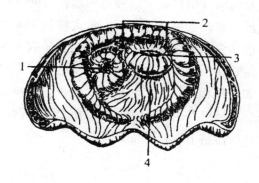

图2-4　母鸡泄殖腔
1. 输卵管开口　2. 输尿管开口　3. 直肠开口　4. 粪窦

输精员将吸有精液的胶头滴管或其他输精器插入母鸡阴道2～3厘米处，挤或输出精液，拔出输精器。同时，助手的右手放松对母鸡腹部的压力即可。如使用输精枪输精，先将输精剂量设定后，每次可连续输15～20只母鸡，提高了输精效率，输精剂量也很准确。

笼养母鸡人工输精，可不必从笼中取出母鸡，只需助手用左手握住母鸡双腿，稍稍提起，将母鸡胸部靠在笼门口处，右手在腹部施以压力，使输卵管开口外露，输精员便可注入精液。

2. **输精操作时的注意事项**　因母鸡输卵管开口于泄殖腔的左侧上方，故输精过程中给母鸡腹部施加压力时，一定要着力于腹部左侧，否则易引起母鸡排粪（因泄殖腔右侧为直肠开口）。无论使用何种输精器，均须对准输卵管中央且要轻轻插入，切忌将输精器斜插入输卵管。助手与输精员要密切配合，当输精器插入的一瞬间，助手应立即解除对母鸡腹部的压力。输精过程中要防止漏输，并且要及时挑出病鸡。使用一次性的输精器，应做到一只母鸡换一套，使用滴管类的输精器，每输一只母鸡要用消毒棉球擦一次。

3. 输精的时间与输精量　一天之内，用同样剂量的精液在不同时间输精，受精率有明显差异。理想的输精时间宜选择在当天大部分母鸡产蛋后，即在下午2点以后。每次输精的输精量与输精次数，取决于精液品质和持续受精时间的长短，研究表明，每次输精量以原精液计约0.025毫升（含精子数0.5亿~1亿个），输精间距5~6天为宜。如用稀释或保存精液输精，应根据稀释倍数和保存结果调整输精量。给母鸡首次输精应输入2倍的剂量或每只母鸡连输2天，以确保受精所需精子数，提高受精率。

第二节 种蛋的孵化 >>>

一、鸡的孵化期

孵化期是指家禽胚胎在体外发育成雏禽的全过程所需的时间。各种家禽都有一定的孵化期，鸡的孵化期一般为 21 天。由于胚胎发育快慢受许多因素影响，实际表现的孵化期有一个变动范围，在一般情况下，孵化期上下浮动 12 小时左右。影响鸡孵化期长短的因素主要有以下几方面：

第一，种蛋的保存时间。保存时间越长，孵化期越长，且出雏时间不一致。

第二，孵化温度。孵化温度偏高，则孵化期短；孵化温度偏低，则孵化期延长。

第三，经济类型和蛋的大小。一般蛋用型鸡的孵化期比肉用型和蛋肉兼用型的鸡短；小蛋比大蛋的孵化期略短。

第四，近亲繁殖。近亲繁殖的鸡的种蛋孵化期延长，且出雏时间不一致。

孵化期过长或过短都是不正常的，对孵化率和雏鸡品质都有不良影响。

二、种鸡蛋孵化中的三个危险期

种蛋在入孵后的 21 天内，有三个容易造成胚胎发育不良或死亡的时期，统称危险期，在危险期内，若掌握不好孵化的各种条件，就会使孵化率降低。

第 1 危险期：即入孵后 1~6 天。此期内雏鸡的各种组织和器官开始形成血管，心脏形成并开始跳动，出现早期血液循环。而胚胎发育所需的营养物质，主要通过血液循环从蛋黄囊中输送而来。此期若孵化条件稍有不当，会造成血液循环障碍，营养供应不良，头照死精蛋偏多。此期除加强通风换气和翻蛋，由于胚胎物质代谢尚处在低级阶段，本身产生体热少，因而还需要有较高的孵化温度。

第 2 危险期：即入孵后 13~18 天。此期蛋白通过浆羊膜道输入羊膜腔，开始被胚胎吞食，胃肠开始直接消化吸收蛋白营养，第 18 天时蛋白完全被吸收。此期鸡胚胎发育迅速，要求孵化条件严格，否则会影响蛋白的正常代谢，使胚胎吸收不到足够的营养，降低孵化率。

第 3 危险期：即入孵后第 19 天到出壳。此期蛋黄囊开始收缩并完全吸收进入腹腔，尿囊动、静脉血管退化并枯萎，由尿囊供应氧气转为肺呼吸。此时，如通风透气不佳、肺和气囊内的蛋白未吸收完全、胎位不正、嘴不能进入气室或不能及时啄壳，均会导致胚胎发育不良，毛蛋偏多，降低孵化率。

三、种蛋的注意事项

（一）种蛋的挑选

种蛋是指公母鸡按一定比例混群后配种或采用人工授精配种后所产的蛋。种蛋的来源与品质对孵化率和雏鸡的质量均有较大的影响，因而种蛋入孵前必须经过严格认真的选择。种蛋选择的具体方法有来源调查、外观检查、敲检听音、灯光透视和抽样剖视等。现介绍以下几种选择标准：

1. **来源**　种蛋必须来源于健康高产的鸡群。种鸡的外貌应符合品种要求。种蛋不能源于病鸡，特别是曾患过传染病（如传染性支气管炎、传染性法氏囊等）以及体弱、畸形、低产的母鸡下的蛋绝对不能留作种用。

2. **种蛋保存时间**　确定种蛋保存期的长短，一方面要考虑蛋的新鲜度，另一方面还要考虑种蛋保存多长时间能获得最好的孵化效果。一般保存 3~5 天的种蛋孵化率最高。当保存期超过 1 周时，应每天翻蛋 1 次，以防蛋黄与蛋壳粘连。如果种蛋保存时间超过 2 周，孵化率将明显下降。

3. **重量**　一般种蛋的重量为 55~65 克，地方选育良种蛋的重量为 45~50 克。种蛋的大小要一致，以保证出雏整齐。另外还要注意蛋形过长或过圆也不宜作为种蛋。

4. **蛋壳**　蛋壳应致密均匀，完整无裂缝和孔洞。表面钙质沉积均匀，砂皮蛋、蛋壳过薄的蛋以及蛋壳过于坚硬的钢皮蛋都不能选作种蛋。对于不同的品种，应根据品种要求选择颜色一致的蛋留为种蛋。蛋壳表面要清洁，无粪便、蛋液及血迹。轻度污染的种蛋可以入孵，但要经过消毒液擦拭。

（二）种蛋的消毒

一般来说，种蛋的表皮外壳上都不同程度地带有病菌。如果种蛋入孵前不进行消毒，不仅影响孵化效果，还会将白痢、伤寒和支原体等疾病传染给雏禽。因此，种蛋入孵前必须进行严格的消毒。

消毒方法如下：

1. **新洁尔灭消毒法**　此药具有较强的除污和消毒作用，可凝固蛋白质和破坏病菌体的代谢过程，从而达到消毒灭菌的目的。种蛋消毒时，可用 5% 的新洁尔灭原液，加 50 倍的水配制成 0.1% 浓度的溶液，用喷雾器喷洒种蛋表皮即可。

2. **漂白粉液消毒法** 将种蛋浸入含有活性氯 1.5% 的漂白粉溶液中 3 分钟，取出沥干后即可装盘。值得注意的是此种消毒方法必须在通风处进行。

3. **碘液消毒法** 将种蛋置于 0.1% 的碘溶液中浸泡 30～60 秒，取出后沥干装盘。碘溶液的配制方法是：碘片 10 克和碘化钾 15 克同溶于 1000 毫升的水中，然后倒入 9000 毫升的清水中即可。浸泡种蛋 10 次后，溶液中的碘浓度渐低，如需再用，可将浸泡时间延长至 90 秒或添加部分新配制的碘溶液。

（三）种蛋的保存

鸡在上孵之前，因种蛋数量多往往要保存一段时间。如果方法不妥，往往会使种蛋变质或发生其他问题，影响孵化工作的进行。因此，保存种蛋应注意以下问题：

第一，温度要适宜。保存种蛋的温度过高、过低都不好。如果高于 24℃，胚胎便开始发育，会导致鸡胚衰老、死亡，孵化时死胎增多；低于 5℃ 时，种蛋受冻，会失去孵化能力。保存种蛋最适宜的温度为 10～15℃。

第二，湿度要适宜。种蛋壳上有许多气孔，在保存期间，蛋内水分不断通过气孔蒸发丢失。为减少蛋内水分的损失，必须使贮蛋室保持一定的湿度。种蛋贮藏室最适宜的相对湿度为 70%～80%，湿度过高易使霉菌繁殖，不利于种蛋贮藏。

第三，定期翻蛋。种蛋保存期间，如摆的位置不当或放置不动，时间过久则易发生蛋黄、胚盘与蛋壳粘连，引起胚胎早期死亡。为了避免这种情况，宜将种蛋钝端朝上放置，这样，可使蛋黄位于种蛋的中心。保存时间稍长，每天应翻蛋 1 次，以防胚胎粘连，保持正常的孵化率。

第四，环境。储蛋室和接触种蛋的蛋盘、蛋架等要清洁，蛋盘要有缝隙，不要把种蛋装在不透气的箱子内。贮蛋室内空气一定要保持清新。

第五，不洗刷种蛋。种蛋产出后，蛋壳表面有一层胶质膜覆盖着蛋壳的气孔，既有防止水分蒸发的作用，又可防止细菌等微生物从蛋壳气孔侵入蛋内而使其变为坏蛋。为使种蛋清洁而用水进行洗刷，反而会破坏蛋壳上的胶质膜，降低种蛋品质。

（四）种蛋的运输

运输种蛋是引进良种、交换良种和育种工作中必不可少的一个环节。运输种蛋首先碰到的问题就是装放用具，目前普遍采用的是种蛋纸箱。纸箱可用硬板纸或瓦楞纸制成，箱内放入用纸皮做成的方格，每格放一个蛋，蛋的上下左右都有纸皮隔开，可以避免蛋与蛋之间直接碰撞。箱内也可用塑料蛋托或压模纸盒代替，一般每层装 30 枚（或36 枚）。如果没有这种专用纸箱，用木箱也可以，但要尽量避免蛋之间的直接接触，可将每枚种蛋用纸包裹起来。箱底和四周多垫些纸或其他柔软的物体，也可用稻壳、锯末或碎麦草作为垫料。不论用什么工具装蛋，都应尽量使蛋的大头朝上或平放，并排列整齐。在运输过程中，不管用什么运输工具，都要注意尽量避免阳光暴晒，因为阳光暴晒会使种蛋受热而促使胚胎发育（属不正常发育），而且由于受热的程度不一，胚胎发育的程度也会不一样，从而影响孵化效果。要防止雨淋受潮，因为种蛋被雨淋过之后，壳上膜受破坏，细菌就会侵入，还可能使霉菌繁殖，严重影响孵化效果。装运时，一定要做到轻装轻放，严防装蛋用具变形，特别是纸箱、箩筐，一旦变形，势必挤破种蛋；严防强烈震动，强烈震动可能招致气室移位、蛋黄膜破裂、系带断裂等严重情况。如果道路高低不平，颠簸厉害，应在装蛋的用具底下多铺些垫料，尽量减轻震动。

四、种蛋孵化的条件

种蛋在外界条件的影响下孵出小鸡的过程叫孵化。孵化技术的好坏直接影响种蛋的孵化率、雏鸡的成活率及其生长发育和以后的

生产性能。孵化技术的关键是掌握好孵化条件。种蛋人工孵化需要的条件主要有温度、湿度、通风换气、翻蛋和凉蛋。

（一）温度

温度是孵化的最重要因素，它决定着胚胎的生长、发育和生活力。只有在适宜的温度下才能保证胚胎的正常发育，温度过高或过低都对胚胎的发育有害，严重时会造成胚胎死亡。温度偏高则胚胎发育快，但胚胎较弱，如果温度超过42℃，经过2~3小时就会造成胚胎死亡；温度较低则胚胎的生长发育迟缓，如果温度低于24℃时经过30小时就会造成胚胎死亡。

孵化的供温标准与鸡的品种、蛋的大小、孵化室的环境、孵化机类型和孵化季节等有很大关系，如蛋用型鸡的孵化温度略低于肉用型鸡；小蛋的孵化温度略低于大蛋；立体孵化的供温标准略低于平面孵化；气温高的季节低于气温低的季节等。一般情况下，孵化温度保持在37.8℃左右，单独出雏的出雏器温度保持在37.2℃左右较为理想。

为了控制好孵化温度，可以经常观看温度计，看温度是否在设定的温度范围内。但实际生产中主要还是"看胎施温"。所谓"看胎施温"，就是在不同孵化时期，根据胚胎发育的不同状态，给予最适宜的温度。在定期检查胚胎发育情况时，如发现胚胎发育过快，则表示设定的温度偏高，应适当降温；如发现胚胎发育过慢，则表示设定的温度偏低，应适当升温；胚胎发育符合标准，则表示温度恰当。

在生产实践中，电孵箱孵化常用以下两种施温方案：

1. 恒温孵化　在整个孵化过程中，孵化温度和出雏温度（比孵化温度略低）都保持不变。种蛋来源少或者室温偏高时，宜分批入孵并采用恒温孵化制度。在室温偏高时，即使种蛋来源充足，也以采用分批入孵恒温孵化为好。因为室温过高时，如采用整批孵化，则孵化到中、后期产生的代谢热势必过剩，而分批入孵能够利用代谢热作为热源，既能减少自温超温，又可以节省能源。

2. 变温孵化　也称降温孵化，即在孵化过程中，随胚龄增加逐渐降低孵化温度。对于来源充足的种蛋，宜整批入孵，此时孵化器内胚蛋的胚龄都是相同的，因此可采用阶段性的变温孵化制度。因为胚胎自身产生的代谢热随着胚龄的增加而增加，所以孵化前期温度应高些，中后期温度应低些。

不管采用怎样的孵化制度，根据禽胚发育规律正确采用"看胎施温"的技术仍然十分重要。即使采用恒温孵化，其所用的温度标准也是在保证鸡胚按规律发育的同时，根据吸取恒温能兼顾分批入孵的特点而制定的。恒温也不是固定的恒温，而是在确保鸡胚正常发育的前提下，在相应的季节里采取的相对稳定的温度。

两种孵化施温参考方案见表2-2。

表2-2　鸡蛋的孵化温度（℃）

室温	入孵机内温度				出雏机内温度
	恒温（分批）	变温（整批）			
	1~17天	1~5天	6~12天	13~17天	18~20.5天
18.3	38.3	38.9	38.3	37.8	
23.9	38.1	38.6	38.1	37.5	37.0左右
29.4	38.1	38.3	37.8	37.2	
32.2~35.0	37.2	37.8	37.2	36.7	

（二）湿度

湿度也是重要的孵化条件，它对胚胎发育和破壳出雏有较大的影响。适宜的湿度可使孵化初期的胚胎受热均匀，使孵化后期的胚胎散热加强，有利于胚胎发育，也有利于破壳出雏。孵化湿度过低，会使蛋内水分蒸发过多，破坏胚胎正常的物质代谢，易发生胚胎与壳膜粘连，孵出的雏鸡个头小且干瘦；湿度过高，会影响蛋内水分正常蒸发，同样破坏胚胎正常的物质代谢，当蛋内水分蒸发严重受

阻时，胎膜及壳膜含水过多而妨碍胚胎的气体交换，影响胚胎的发育，孵出的雏鸡腹大，弱雏多。因此，湿度过高或过低都会对孵化率和雏鸡的体质产生不良影响。

孵化箱内的湿度供给标准因孵化制度不同而不同。一般分批入孵时，孵化箱内的相对湿度应保持在50%~60%，出雏箱内为60%~70%。整批入孵时，应掌握"两头高、中间低"的原则，即在孵化初期（1~7天）相对湿度掌握在60%~65%，便于胚胎形成羊水、尿囊液；孵化中期（8~18天）相对湿度掌握在50%~55%，便于胚胎逐步排出羊水、尿囊液；出壳时（19~21天）相对湿度掌握在65%~70%，以防止绒毛与蛋壳粘连。湿度是否适宜，可用干湿球温度计来测定，也可根据气室大小、胚蛋失重多少和出雏情况来判断。

（三）通风换气

胚胎在整个发育阶段时时刻刻都要吸入氧气，排出二氧化碳，即需与外界进行气体交换。孵化过程中，随着胚龄增加，胚胎的耗氧量和二氧化碳的排出量也会增加，特别是到出雏期，胚胎开始肺呼吸，气体的交换量更大。在孵化过程中，每只鸡胚共需氧气约8100立方厘米，排出二氧化碳约4100立方厘米。这就要求随胚龄增加逐渐加大通风换气量。随着胚龄的增加，胚胎新陈代谢加强，产生的热量也逐渐增多，特别是孵化后期，往往会出现"自温超温"现象，如果热量不能及时散出，将会严重影响胚胎正常生长发育，甚至积热致死。因此，加强通风换气有助于驱散胚胎的余热。通风换气量对孵化率的影响见表2-3。

表2-3 通风换气量对孵化率的影响

每小时通风量（立方米）	0.27	0.53	0.73	5.21	5.39	11.20
孵化率（%）	12.7	25.3	42.6	69.8	86.0	84.7

在正常通风条件下，要求孵化箱内氧气含量不低于21%，二氧

化碳含量控制在 0.5% 以下。否则，胚胎发育迟缓，产生畸形，死亡率升高，孵化率下降。因此，控制好孵化箱的通风，是提高孵化率的重要措施。新鲜空气中含氧气 21%，二氧化碳 0.03%，这对于孵化是合适的。孵化机内通风系统设计合理，运转、操作正常，保证孵化室空气的新鲜，可以获得较高的孵化率。在孵化箱内一般都安装一定类型的风扇，用来不断地搅动空气，一方面保证箱内空气新鲜，满足胚胎生长发育的需要；另一方面还能使箱内温度、湿度均匀。箱体上都有进、排气孔，孵化初期，可关闭进、排气孔，随着胚龄的增加，逐渐打开，到孵化后期，进、排气孔全部打开，尽量增加通风换气量。

通风换气与温度和湿度有着密切的关系。通风不良，空气流动不畅，温差大，湿度大；通风过度，温度、湿度都难以保持，浪费能源。所以，掌握好适度的通风是保证孵化温度和湿度正常的重要措施。

（四）翻蛋

翻蛋也称转蛋，就是改变种蛋的孵化位置和角度。蛋黄含脂肪多，比重较小，总是浮在蛋的上面，而胚胎又位于蛋黄之上。如果长时间不翻蛋，胚胎容易与壳膜粘连。因此，在孵化过程中必须翻蛋，其目的不仅是改变胚胎位置防止粘连，还可使胚胎各部受热均匀，供应比较新鲜的空气，有利于胚胎的发育。另外，翻蛋也有助于胚胎的运动，改善胎膜血液循环。

正常孵化过程中，一般每隔 2 小时翻蛋 1 次，翻蛋角度以水平位置为准，前俯后仰各 45°，翻蛋时要做到轻、稳、慢，不要粗暴，防止引起蛋黄膜、血管破裂，尿囊绒毛膜与蛋壳膜分离，死亡率提高。当孵化温度偏低时，应增加翻蛋次数；当孵化温度过高时，不能立即翻蛋，防止提高死亡率，等温度恢复到正常时再翻蛋。分批孵化的胚蛋到 19 天，整批孵化的到 14 天后可停止翻蛋。

（五）凉蛋

胚胎发育到中期以后，物质代谢增强而产生大量生理热，可使孵化箱内温度升高，从而使胚胎发育偏快，这时就需要通过定时凉蛋来帮助胚胎散热，促进气体代谢，提高血液循环系统机能，增强胚胎调节体温的能力。凉蛋有助于提高孵化率和雏鸡品质。

凉蛋的方法分为机内凉蛋和机外凉蛋。机内凉蛋即关闭加温电源，开动风扇，打开机门。此法适用于整批入孵和气温不高的季节。机外凉蛋是将胚蛋连同蛋盘移出机外凉冷，向蛋面喷洒 25～30℃ 的温水。此法适用于分批入孵和高温季节。每昼夜凉蛋 2～3 次，每次凉蛋 20～30 分钟，使蛋温降至 35℃ 左右。

机内凉蛋和机外凉蛋均应根据胚胎发育的情况灵活运用。如发现胚胎发育过快，超温严重，凉蛋期应提前，凉蛋次数和时间要增加。

五、孵化方法

鸡的孵化方法分为自然孵化和人工孵化。自然孵化是利用母鸡抱性孵出雏鸡；人工孵化是人为地创造适合鸡胚生长发育的各种孵化条件，达到孵出雏鸡的目的。自然孵化生产能力低，孵化时间不能人为控制，且要有抱性的母鸡才能孵化。生产实践中广泛采用人工孵化的方法。根据所用设备的不同，人工孵化可分为传统孵化法和机器孵化法。

（一）传统孵化法

我国劳动人民经过长期的孵化实践，创造了独特的传统孵化法，其主要方法有火炕孵化法、缸孵法、桶孵法、平箱孵化法等。

1. 火炕孵化法　是我国北方普遍采用的传统孵化方法。此法需有火炕、摊床和棉被等设备。火炕用土坯砌成，炕上放麦秸，麦秸上铺席。摊床是孵化中期以后盛放种蛋继续孵化的地方，设在炕的上方，以木或竹竿搭成，上铺麦秸和席。棉被为包蛋或盖蛋用。

火炕孵化法的关键是孵化温度的控制，而温度控制的关键是掌握烧火技术。通过控制烧柴（煤）量和烧火次数、加减覆盖的棉被、翻蛋、调整种蛋在炕面的位置和调节室温等措施来调节孵化温度。火炕孵化法的孵化温度如表2-4。

表2-4　火炕孵化法的孵化温度（下层蛋的底部温度）

孵化天数	1~2	3~5	6~11	12	13~14	15~16	17~21
温度（℃）	41.5~41.0	39.5	39.0	38.0	37.5	38.0	37.5

火炕孵化一般每5~6天入孵一批。入孵时先将蛋分为上下两层，直接摆在炕席上，然后盖被烧炕。若下午4时放蛋，到午夜12时再烧一次，并进行第一次翻蛋。次日清晨上层蛋已较温暖，下层蛋已相当温热而感觉不到烫时，开始上包。上包的方法是按每包1000枚种蛋，炕上层蛋放在包的下层，下层蛋放在包的上层，然后包紧，包上再加一层棉被。

上包后的温度急剧上升，应每2小时翻蛋1次，直至上下层达到正常温度要求后，每隔4~6小时翻蛋1次。翻蛋时将上下层、边缘与中间部分的蛋相互对调，使所有胚蛋受热均匀。翻蛋前要先检温转包（在原地转包的方向）。翻蛋后如温度过高，要"晾包"凉蛋。翻蛋时操作力求轻稳，防止打破胚蛋，翻完要排齐、包紧。

孵化至5~6天头照，照后移至温炕，孵至11天抽检上摊。摊孵期主要靠自温孵化，管理简单，每天仍按时翻蛋，调换蛋的位置，并随蛋温情况增减被单，保持适宜温度。在大批啄壳时移去覆盖物，以利于胚胎获得新鲜空气。每隔2~4小时将绒毛已干的雏鸡与蛋壳一起拣出，并将余下的活胚蛋集拢在一起，以利于保温，促进出雏。

2. 缸孵法　是我国江浙地区常用的方法。有温水缸孵和炭火缸孵两种形式。

缸孵法需有孵缸和蛋箩等设备。孵化过程可分为缸孵期（1~10

天）和摊孵期（11～21 天）两个阶段。缸孵期又分新缸期（1～5 天）和陈缸期（6～10 天）两个阶段。缸孵期的蛋温，1～2 天为 38.5～39.0℃，3～10 天约为 38.0℃。孵化温度的调节，主要靠调节水的温度或增减炭火、掀盖覆盖物、对调上下层的胚蛋和调整凉蛋次数与时间等。摊孵期的温度与火炕孵化法摊孵期温度相同。

种蛋入孵 3 小时后开始翻蛋，此后每天翻蛋 4～6 次。胚蛋从新缸移至陈缸时，对全部种蛋进行第一次照蛋，从陈缸移至摊床时进行第二次照蛋。

3. 桶孵法 又称炒谷孵化，为华南、西南地区广泛使用的孵化方法（图 2-5）。

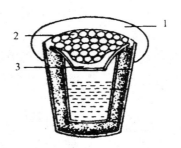

图 2-5　桶孵法示意图
1. 种蛋　2. 炒谷　3. 木桶

桶孵法需有孵桶和网袋等设备。孵桶为圆柱形木桶，桶高 70～90 厘米，直径 60～70 厘米，内衬牛皮纸数层，以利于保温。每桶约装 30 袋蛋，每袋装蛋 60 枚左右。

桶孵法的主要操作有炒谷、暖桶、暖蛋、入桶、翻蛋等。每年第一次孵化时，先将稻谷炒热，用以孵化新蛋。每锅每次炒 2.5 千克左右，炒后用麻布或纱纸包好。炒谷落桶温度为 38～39℃。孵桶的上下层略高些，为 40～42℃。8～10 天后只炒底面两层的即可。入孵前先将烘笼放在孵桶内预热。种蛋可放在阳光下暖蛋，阴天可在室内炒谷"焙蛋"，使蛋温达到与晴天相似的程度。入桶时桶底放一层冷谷，再放两层热谷。种蛋用麻布包裹后，视其冷暖装一层热谷或每两层装一层热谷，并加隔一层麻布。最后在上面放两层热谷、一层冷谷，再盖一层棉被。入桶几批后，也可用孵化时间长的"老蛋"来孵化初入孵的新蛋，不必再炒谷，即采用"老蛋抱新蛋"的办法。开始孵化的新蛋用热谷连续加温2~3次，使种蛋定温，然后每天翻蛋3~4次。桶内孵化至12~13天后转入摊床自温孵化。

4. 平箱孵化法　平箱由上部的孵化用箱体和下部的热源两部分组成（图2-6）。

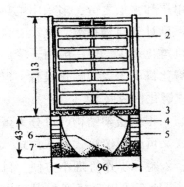

图2-6平　平箱孵化法（剖面）（单位：厘米）
1. 孵化上部　2. 转动式蛋架　3. 稻草泥
4. 铁皮　5. 土坯　6. 炭火和稻草灰　7. 防潮砖

孵箱内设7层可一起转动的蛋架，上6层放圆形蛋筛，最下层为起隔热作用的空匾。箱体的下部为热源部分，四周用砖或土坯砌成。热源一般为炭火或蜂窝煤炉，也有用沼气、煤油、液化气或电热板的。箱内上下、左右、前后的温度主要通过"转筛"和"调筛"来调节。

种蛋入孵前先试温，要求箱内温度达40℃以上，入孵后每2~3小时"转筛"1次，每次转动180°。并据具体情况进行"调筛"，即

6层筛上下对调，使箱内种蛋受热均匀。翻蛋和照蛋同炕孵法，孵至10~11天时上摊孵化至出雏。

（二）机器孵化法

机器孵化法是比较先进的大型人工孵化方法。机器孵化采用的是自动调温、调湿系统，操作简便，孵化量大，工作人员劳动强度小，劳动生产率高，孵化效果好。机器孵化还不受孵化季节的影响，一年四季均可孵化。但投资较大，孵化成本较传统孵化法高，并且需要有稳定充足的电源。

1. 孵化机的类型　孵化机可分为平面孵化机和立体孵化机两大类。平面孵化机有单层和多层之分，多采用电热管供温，棒状双金属片或水银电接点温度计等自动控温，也设有自动转蛋装置和匀温风扇。此类型孵化机孵化量少，现一般用于珍禽种蛋的孵化或教学科研上使用。立体孵化机属于大型孵化设备，根据箱体结构可分为箱式孵化机和巷道式孵化机两大类。

（1）箱式孵化机　根据蛋架结构又可分为蛋盘架式和蛋架车式两种形式。蛋盘架式又可分为滚筒式和八角式，它们的蛋盘架均固定在箱内不能移动，入孵和操作管理不方便。目前多采用蛋架车式电孵箱（图2-7），蛋架车可以直接到蛋库装蛋，消毒后推入孵化机，减少了种蛋装卸次数。

图2-7　蛋架车式电孵箱

（2）巷道式孵化机　由多台箱式孵化机组合连体拼装而成，配备有空气搅拌和导热系统，容蛋量一般在 7 万枚以上（图 2-8）。使用时将种蛋码盘放在蛋架车上，经消毒、预热后按一定轨道逐一推进巷道内，18 天后转入出雏机。机内新鲜空气由进气孔吸入，经加热加湿后从上部的风道由多个高速风机吹到对面的门上，大部分气体被反射下去进入巷道，通过蛋架车后又返回进气室。这种循环充分利用胚蛋的代谢热，箱内没有死角，温度均匀，所以较其他类型的孵化机省电，并且孵化效果好。

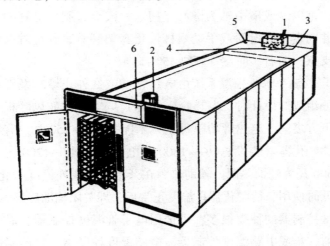

图 2-8　巷道式孵化机

1. 进气孔　2. 出气孔　3. 冷却水入口　4. 供湿孔

5. 压缩空气　6. 电控部分

2. 孵化机的结构

（1）主体结构　主体结构由箱体、蛋架车、种蛋盘和活动翻蛋架等组成。孵化机的箱体由框架、内外板和中间夹层组成，壁厚约 50 毫米。金属结构箱体框架一般为薄形钢结构，外层用涂塑钢板或彩板，也有用 PVC 板的。内板多采用铝合金板，夹层中填充聚苯乙

烯或聚氨酯保温材料，整体坚固美观。

蛋架车为全金属结构，蛋盘架固定在四根吊杆上可以活动。常用的蛋架车层数为 12～16 层，每层间距 120 毫米。蛋架车式电孵箱的孵化盘和出雏盘多采用塑料蛋盘，既便于洗刷消毒，又坚固不易变形。蛋盘架式孵化机除采用塑料栅式或孔式种蛋盘，还有采用铁丝木栅式孵化盘的，即用木条钉成框，中间栅条用数目相等的上下两层铁丝制成。

按蛋架形式的不同，将活动翻蛋架分为圆桶式、八角式和架车式三种，都以纵或横中轴为圆心，用木材或金属制蛋盘托架，将蛋盘插入并固定，以扳闸或手动蜗杆使蛋盘架翻转。翻蛋时以蛋盘托中心为支点，向右、向左各倾斜 45°～55°。

（2）控温系统 控温系统由电热管（或红外线棒）及温度调节器两部分组成。设计时，电热管（热源）应安放在鼓风叶板与孵化器侧壁下方之间。电热管功率每立方米配备 200～250 瓦，容纳 1 万枚种蛋的孵化器常装设总功率 1800 瓦电热管，其中 1200 瓦为基本热源，600 瓦为辅助热源。辅助热源在开始入孵或外界（孵化室内）温度偏低时使用，待孵化器里温度正常后，即关闭辅助热源。

温度控制器的种类很多，可选用电子管温度控制器、晶体管温度控制器、集成电路温度控制器、电脑温度控制器。目前温度传感器多用热敏电阻、铂电阻、可控硅、导电表等。热敏电阻有感温时间短、调节快、体积小等特点。铂电阻灵敏度高。可控硅作为无触点开关，克服了继电器频繁启动造成的触头易磨损和烧毁的缺点。导电表通常作为高低温控制和备用电路的温度控制，具有使用可靠的特点。

（3）控湿系统 简单的加湿装置一般是在孵化器箱底放置 2～4 个镀锌铁皮浅水盘，通过水盘内水分蒸发保持机内的湿度。目前，较先进的供湿系统是在水盘上安装叶片式水轮，由微型电机带动水轮拨动水面增加蒸发面积，当湿度达到要求时水轮停转，水盘中装有浮球阀控制水位高度。机内湿度通过感湿和控湿电路进行调节。

（4）报警系统　由温度调节器（即水银导电表）、电铃和指示灯（红绿灯泡）组成，温度调节器充当感温原件。一般多设高温报警，也有的设高、低温报警。在机内温度偏离规定温度0.5℃时即发出警讯，以便孵化人员及时排除故障。

（5）降温系统　由于整批入孵量较大，胚胎发育到中后期自温很高，易引起孵化器严重超温。为了克服超温，入孵器和出雏器均设有降温或冷却装置。降温系统有风冷和水冷两种形式。风冷降温系统由装在孵化机中后板风门盒内的风扇和控制电路组成，当箱体的温度超过设定值或温度上升速度很快时，控制系统会根据需要自动打开大排风门或开启排气口的小型排风扇，增加排风量。在外界温度较高的孵化环境中，宜选用水冷降温系统，即在超温时，超温报警，控制冷水管（冷排）的电磁阀打开供冷水，以降低机温。冷排是一根弯曲的铜管，安装在机壁与鼓风叶片之间。

（6）翻蛋系统　手动翻蛋通常采用蜗轮蜗杆结构，用手摇来推动整个蛋盘架转动；电动翻蛋是由小型电机经减速机构和长轴带动蜗杆驱动蜗轮，而后经曲柄推动滑动杆使蛋盘托架左右翻动；气动翻蛋多用于巷道式孵化机，每架蛋车上装有气缸、气阀和快速接头等，当把车推入孵化机后，将车上的接头与机内固定接头插入连接。

（7）通风换气系统　由进气孔、出气孔、电动机和风扇叶组成。进气孔一般设在孵化机下部，出气孔均设在孵化机顶端，风扇设于孵化机侧面或中间，由一面向另一面或中间向两面吹。进气孔和出气孔均可调节其大小，以达到不同孵化期的通风要求。通风除了可以提供新鲜的空气，还起到均温的作用，使种蛋受热均匀，保证正常的胚胎发育。

（8）设置、显示系统　在孵化机正面控制箱门上安装有设置、显示器，可通过显示器将设置的温、湿度存贮于控制系统内，孵化机运行过程中即可显示机内实际温、湿度的变化。显示器还可反映

翻蛋控制、风门控制、各种报警显示、自动控制反应、蛋架位置、照明系统及安全装置等信息。

3. 孵化机的安装　调试孵化机一般由专业人员负责安装。如需自行安装，安装前一定要查阅生产厂家提供的说明书，严格按说明书的要求进行操作。孵化机安装完毕须认真调试。开机调试前，先检查各部位螺丝是否拧紧，整机是否平稳，电源接线是否正确可靠。未发现异常即可开机运转，运转时要先检查各电机转向是否正确，风扇皮带张紧是否适当，认真校对、检查各机件的性能和温、湿度自动控制情况，特别注意温、湿度的校准和报警装置的灵敏程度。上述检查无异常后，试机运转 1~2 天，一切正常后方可入孵。

4. 孵化机的保养与检修　孵化机机械化和自动化程度较高，使用者一定要定期保养、检修，确保其正常运转及延长使用年限，从而达到提高孵化率和降低成本的目的。

（1）每周维护　检查加湿水盆水位、机门密封情况、风门运转情况，用半干抹布擦拭机箱及控制柜外部，出雏机每批都要清洗加湿水盆和蒸发盘，并清理机器顶部的绒毛。

（2）每月维护　检查风扇以及加湿、翻蛋皮带是否完好，检查加热功能、超高温报警功能、翻蛋功能是否正常，彻底清洗消毒设备（孵化机每批都要清洗机器、加湿水盆及加湿蒸发盘）。

（3）每季度维护　清洁探头，校准温、湿度，风扇轴承要加一次黄油，将翻蛋蜗轮用油清洗后加黄油润滑，风门机构的丝杠及滑动配合部位要加黄油，加湿、翻蛋减速器要换一次机油，全面检查系统各控制功能。

（4）长时间不用时的保养　在机器搁置长时间不用前，要开机升温烘干机器，并将加湿水盆中的水放净烘干，各个运转部位要洗净后用黄油保护以防生锈。每个月要开机升温烘干运转机器 1 次。

5. 孵化机的操作

（1）孵化前的准备工作　孵化室应设在交通方便的地方，但又要远离交通干线（500米以上）和居民点（1000米以上）。孵化室要有良好的保温和通风条件，在孵化期间，孵化室的温度以22~25℃，相对湿度保持在55%~60%为宜。孵化室内应有专用的通气孔或风机，经常保持室内和孵化机内空气新鲜。在孵化过程中，应建立从验收种蛋开始，到孵化、出雏、性别鉴别、防疫接种、出售雏鸡等的单向流程，不能逆流或交叉运行。

孵化前根据具体情况先制订好孵化计划，安排好孵化进程。孵化人员应全面熟悉和掌握孵化机的各种性能，在正式孵化前1~2周要检修好孵化机，并对孵化室、孵化机进行清洗消毒，而后校对好温度计，试机运转1~2天，无异常时方可入孵。

（2）上蛋操作 上蛋就是将种蛋码到蛋盘上。种蛋应在孵化前12小时左右以钝端向上装入蛋盘中，并将蛋盘移入孵化室内进行预温。上蛋时间最好在下午4点以后，这样大批出雏就可以在白天，工作比较方便。一般每隔5~7天上蛋1次。同一孵化机内采用分批入孵时，每次上的一套蛋盘应用特殊显眼的标记标上，各批入孵的每套蛋盘在蛋架上应错开放置，目的是使入孵时间短的"新蛋"和入孵时间长的"老蛋"互相调节温度。

（3）照蛋 使用照蛋器通过灯光透视胚胎发育情况，及时剔除无精蛋和死胚蛋，提高种蛋的孵化率和蛋盘的利用率。常用的照蛋器具见图2-9。

整个孵化期中通常要照蛋2~3次，第一次照蛋在入孵后5~6天进行，主要任务是检出无精蛋和死胚蛋，观察胚胎发育情况。第二次照蛋一般在孵化的第18天或第19天进行，其目的一方面是观察胚胎的发育情况，另一方面是剔除死胚蛋，为移盘或上摊床做准备。有时在孵化的第10~11天还要抽检尿囊血管在蛋小头的合拢情况，以判定孵化温度的高低。每次照蛋的胚龄及照检情况见表2-5。

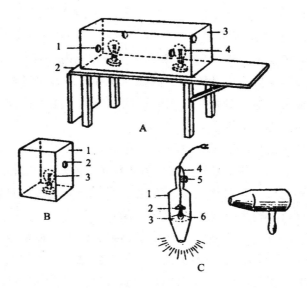

图 2-9　各种照蛋器

A. 四人照蛋箱：1. 照蛋孔　2. 照蛋桌　3. 密缝照蛋箱　4. 100 瓦灯泡

B. 单人照蛋箱：1. 密缝照蛋箱　2. 照蛋孔　3. 100 瓦灯泡

C. 照蛋灯：1. 铁皮外壳　2. 手电筒灯座　3. 8～12 伏电源

　　4. 木柄　5. 推式开关　6. 手电筒反光碗

表 2-5　每次照蛋的胚龄及照检情况

次　别	头　照	二照（抽检）	二　照
照蛋胚龄（天）	5	10～11	19
照蛋俗称	起珠，双珠	合拢	闪毛
无精蛋情　况	蛋内透明，隐约呈现蛋黄浮动暗影，气室边缘界线不明显	蛋内透明，蛋黄暗影增大或散黄浮动，不易见暗影，气室增大，边缘界线不明显	

次 别		头 照	二照（抽检）	二 照
胚胎发育情况	活胚蛋	气室边缘界线明显，胚胎上浮，隐约可见胚体弯曲，头部大，有明显黑点，身体弯，有血管向四周扩张，分布如蜘蛛状。弱胚体小，血管色浅、纤细、扩张面小	气室增大，边界明显，胚体增大，尿囊血管明显向尖端合拢，包围全部蛋白。弱胚发育迟缓，尿囊血管还未合拢，蛋小头色淡透明	气室明显增大，边缘界线更明显，除气室、胚胎占蛋的空间漆黑一团，只见气室边缘弯曲，血管粗大，有时见胚胎黑影闪动。弱胚气室边缘平齐，可见明显的血管
	死胚蛋	气室边缘界线模糊，蛋黄内出现一个红色的血圈或血线	气室明显增大，边界不明显，蛋内半透明，无血管分布，中央有死胚团块，随蛋转动而浮动，无蛋温感觉	气室增大，边界不明显，蛋内发暗、混浊不清，气室边缘有黑色血管，小头色浅，不温暖
照蛋目的		1. 观察初期胚胎发育是否正常；2. 剔出无精蛋和死胎蛋	1. 观察前中期胚胎发育是否正常；2. 剔出死胚蛋和头照遗漏的无精蛋	1. 观察中后期的胚胎发育是否正常；2. 剔去死胚蛋

照蛋应在专用的照蛋室内进行，照蛋室内的温度要适宜，防止低温对胚胎产生不良的影响。照蛋操作力求稳、准、快，照蛋人员要集中精力，防止漏照或差错。为提高蛋盘和孵化机利用率，可将照完的蛋盘空隙用同批胚蛋填满，多出来的蛋盘留作下批入孵用。

（4）移盘　在孵化的第 18 天或第 19 天进行二照后，即可将孵化机内的胚蛋移入出雏机内，准备出雏，称为移盘。如果移到摊床上进行自温孵化出雏，叫上摊。移盘或上摊的动作要轻、稳、快，尽量防止产生破蛋和蛋温下降。移盘前出雏机内温度要升到规定的出雏温度，移盘后停止翻蛋，非自动加湿的出雏机内应增加水盘，

以提高机内湿度。出雏机内温度不均匀时，应每天调盘 1~2 次。采用摊床自温出雏时，应经常检查摊床上蛋的温度，采用增减棉被数量和翻蛋等措施来调节蛋温。

（5）出雏及助产技术　孵化满 20 天即开始陆续出雏，20 天半出雏进入高峰，21 天出雏全部结束。在成批出雏后，一般每隔 4 小时将已出壳并干了毛、脐部收缩好的雏鸡和空蛋壳及时捡出。到出雏后期，应将已破壳的胚蛋并盘，并放在出雏机上部，以促使弱胚尽快出雏。捡雏时要求动作轻、快，防止碰破胚蛋和伤害雏鸡。不要经常打开机门，防止机内温、湿度下降过大而影响出雏。每次捡出的雏鸡每 100 只放在已消毒的雏鸡箱或垫有软垫草的雏鸡篮内，然后置于 25℃ 左右的存雏室内，让雏鸡充分休息。

正常时间内出雏的，一般不进行助产，但在后期，要把内膜已枯黄或外露绒毛发干、在壳内无力挣扎的胚蛋轻轻剥开，分开黏膜和壳膜，把头轻轻拉出壳外，令其自己挣扎破壳。出雏结束后，对出雏室、出雏机进行彻底清扫和消毒，然后晒干或晾干，准备下次出雏再用。

第三章

鸡的营养与生态饲养

第一节 鸡的营养需要 　　　　　>>>

一、鸡的消化与代谢特点

（一）消化系统特点

1. 口腔与食道　鸡没有唇也没有齿，只有角质化的坚硬圆锥形的喙，鸡舌黏膜的味蕾不发达，只有少量唾液分泌。

鸡的食道宽阔，由于黏膜有很多皱褶，易于扩张，可以通过较大的饲料。嗉囊为食道的膨大部分，呈球形，具有贮存和软化饲料的功能。

2. 胃　鸡的胃分为腺胃和肌胃。腺胃体积小，主要分泌胃液，胃液中含蛋白酶和盐酸。肌胃又称砂囊，呈椭圆形或圆形，内有一层黄色的角质膜（俗称鸡内金），借助发达肌肉的强力收缩，磨碎饲料，类似牙齿的作用。鸡在采食一定的沙砾后，肌胃的这种作用会加强，有利于消化。

3. 肠　鸡的肠分为小肠和大肠。小肠分为两段，第一段为十二指肠，第二段相当于空肠和回肠，但无明显分界。饲料在肌胃磨碎并与胃液充分混合后进入十二指肠，接受胃液的消化作用。食糜进入空肠和回肠后，由于胰液、胆汁和肠液的作用，完成消化，最终形成单糖、脂肪酸和氨基酸被吸收。

大肠包括一对盲肠和一段短的直肠。盲肠位于小肠和大肠的交界处，鸡的盲肠不发达，对饲料中粗纤维的消化率很低。

4. 泄殖腔与消化道　鸡的泄殖腔是排泄、生殖的共同腔道，以肛门开口于体外，粪与尿是混合在一起排泄的。

鸡的消化道短，饲料通过消化道的时间大大短于其他家畜，如以粉料喂鸡，则饲料通过消化道的时间，雏鸡和产蛋鸡约为4小时，休产鸡为8小时，抱窝母鸡也只需12小时。

（二）生理代谢特点

1. 饲料利用特点　鸡对饲料的利用情况受诸多因素影响，一般对谷实类饲料的利用率与其他家畜无明显差异，但对饲料中粗纤维的消化率则大大低于其他家畜。因此，鸡饲料中粗纤维含量不能过高，一般不应超过5%，肉仔鸡以3%为宜，否则将降低饲料利用率，造成饲料浪费。

2. 自身合成养分能力差　鸡自身合成B族维生素和利用非蛋白含氮化合物合成蛋白质的能力非常差，这些养分必须由饲料提供。

3. 新陈代谢旺盛　鸡的体温较高，个体较小，单位体重的体表散热面积较大，所以维持正常体温所消耗的能量也相对较多。蛋鸡消耗的维持净能占总能量的39%左右。

4. 对环境变化敏感　鸡由于个体小而生产水平高，对环境条件与饲料营养的变化十分敏感，任何一方面的不适都会造成明显的负面影响，在大规模集约化饲养时，危害更为严重。

由上述可见，鸡需要营养丰富而粗纤维少的饲料、适宜而稳定的环境条件以及规范化的饲养管理措施。

二、鸡需要的营养素

鸡的个体小、代谢旺盛、生产水平高，与家畜相比，单位体重需要更多的能量和蛋白质、矿物质、维生素、水等营养物质。

（一）能量

饲料中的能量是由碳水化合物、脂肪和蛋白质提供的，对鸡而言，碳水化合物是能量的最主要来源。蛋白质多余时也分解产生能量，但利用蛋白质提供能量是很不经济的。

1. 碳水化合物　碳水化合物包括淀粉、糖类和粗纤维，其中淀粉是鸡的主要能源。鸡对粗纤维的消化能力很低，在饲粮中的含量不应超过5％。

2. 脂肪　脂肪属于高能物质，其在体内代谢产生的热能是碳水化合物的2.25倍。当日粮中淀粉含量高时，淀粉可转化为脂肪。据研究，在肉用仔鸡或产蛋鸡饲料中添加1％～5％的脂肪，可大大提高饲料利用率。

（二）蛋白质

蛋白质是构成整个鸡体和鸡产品、鸡肉、鸡蛋的主要成分。蛋白质由氨基酸组成。蛋白质进入鸡的胃、肠，经过消化，各种酶又将其分解成氨基酸之后才能被吸收。组成蛋白质的基本氨基酸共有20种，分为必需氨基酸和非必需氨基酸两大类，其中必需氨基酸有13种。当日粮中缺少任何一种必需氨基酸时，都会影响鸡体内蛋白质的合成。

鸡日粮中的蛋白质主要来源于豆类及其加工副产品，如大豆饼（粕）、菜籽饼（粕）等，其中以大豆饼（粕）质量最佳；还有动物性饲料，如鱼粉、肉骨粉等，以鱼粉最好。

在配合鸡日粮时，不仅要考虑粗蛋白的含量，还要考虑氨基酸组成的平衡。谷物类饲料的蛋白质中氨基酸组成不完善，尤其是蛋氨酸和赖氨酸不足。动物性饲料氨基酸组成完善，且蛋氨酸和赖氨酸含量较高。因此在配合日粮时要求饲料种类多一些，必要时还要补充一些人工合成的蛋氨酸和赖氨酸。

（三）矿物质

在矿物质中，鸡对钙和磷的需要量最多，钙是骨骼和蛋壳的主要原料，磷除了构成骨骼、蛋壳，还在蛋白、酶、蛋黄中存在，因此在配制鸡的日粮时要注意其含量。一般钙的含量，育雏和育成期为 $0.6\%\sim1.0\%$，产蛋鸡日粮中加入 $1\%\sim1.5\%$ 的钙。此外，要补充贝壳或石灰石细片来满足高产母鸡的需要。磷的含量，育雏和育成期应为 $0.30\%\sim0.40\%$，产蛋鸡不应超过 0.35%。在注意钙、磷含量的同时，还要注意钙、磷比例，一般雏鸡以 $1.2:1$ 为宜，$1.1:1\sim1.5:1$ 为允许范围，产蛋鸡应为 $4:1$ 或钙更多一些。

钠和氯也是鸡不可缺少的矿物质元素，常以食盐方式提供。计算补充时一定要考虑日粮的含盐量，食盐过量易引起中毒。通常食盐占日粮的 $0.25\%\sim0.37\%$。

其余矿物质如铁、铜、锰、锌、硒等以微量元素添加剂的形式补充。应格外注意地区土壤中缺乏某一种或几种元素时，在配合日粮时要注意添加相应的元素。

（四）维生素

鸡最易缺乏的维生素是维生素 A、维生素 D_3 和维生素 B_2，可在日粮中用添加剂补充，其他维生素在日粮中含量较丰富，并在体内可以合成，适当补充即可满足。

维生素 A 有维持上皮细胞、神经组织的正常机能和生长，维持呼吸道、消化道、泌尿生殖系统黏膜的健康，增进食欲，增强抵抗力，提高产蛋量、产肉力、受精率、孵化率、成活率等作用。维生素 A 缺乏时，鸡生长缓慢，上皮组织角化，干眼，抵抗力下降，产

蛋率、受精率下降。在实际生产中配合鸡饲料时，必须注意维生素 A 的添加。维生素 A 在鱼肝油中含量高，青绿饲料、胡萝卜中含有的胡萝卜素可以经水解变成维生素 A。日粮中添加的维生素 A 有结晶维生素 A 醇、维生素 A 醋酸酯等。

维生素 D_3 与机体的钙、磷代谢有关，有利于钙、磷的吸收和利用，有助于骨质钙化、蛋壳的形成。维生素 D_3 缺少时，鸡的生长不良，骨化不良，羽毛蓬乱，关节肿大，胸骨软而弯曲，产蛋量减少，蛋壳变薄、变软，孵化率降低。鱼肝油中含有丰富的维生素 D_3，鸡皮下的 7-脱氢胆固醇经紫外线照射可生成维生素 D_3。

维生素 B_2 对机体内氧化、还原、细胞调节以及呼吸有重要作用。缺乏维生素 B_2 的鸡表现为生长发育不良、下痢、腿软，严重时踝关节触地走，趾向内侧蜷曲，种鸡产蛋量下降，孵化率下降，死胎率增高。维生素 B_2 在青饲料、干草粉、鱼粉、糠麦类饲料中含量丰富。

（五）水

水是鸡所必需的营养素之一。鸡在失去全部脂肪和 1/2 体蛋白后仍能生存，但当失去体内水分的 1/10 时便会死亡，可见水是非常重要的。鸡每天除从饲料中得到水，还要饮用大量的水。生产中要经常了解鸡的饮水量变化，因为饮水量的变化可以反映饲料营养、管理制度以及疾病等方面的问题，如在发生疾病或有应激的情况下，饮水量的下降往往出现在饲料采食量下降前的 1~2 天。

影响鸡饮水量的因素很多，主要有饲料种类、采食量、环境温度、水温、鸡的体重、活动程度及产蛋率等，其中环境温度和产蛋率的影响最大。试验表明，当温度高于 21℃ 时，饮水量明显增加，如气温 31℃ 时鸡的饮水量比 21℃ 时增加近 1 倍，而 39℃ 时则为 21℃ 时的 2 倍（表 3-1）；产蛋率上升，饮水量也随之增加。

表 3-1　环境温度对鸡饮水量的影响（升）

周龄	21℃		32℃	
	蛋用型	肉用型	蛋用型	肉用型
2	3.8	6.36	6.3	10.98
4	5.8	9.84	10.0	16.96
6	7.2	12.30	12.7	21.20
8	8.6	13.32	15.0	22.98
10	10.0	14.57	17.7	25.17
12	11.8	15.90	19.5	27.44
14	12.7	17.03	21.8	29.41
16	13.6	18.17	23.6	31.34
18	14.5	19.30	25.2	33.31
20	15.4	20.44	26.8	25.28

一、鸡的常用饲料

饲料是各种营养物质的载体，含有鸡所需的各种营养素。但单一饲料所含营养素的数量与比例都不能满足鸡的需要，必须在了解各种饲料的特点后，进行合理搭配，才能满足鸡的营养需要。鸡的常用饲料有数十种，各有特点，按其营养成分大致可分为能量饲料、蛋白质饲料、矿物质饲料、维生素饲料和饲料添加剂饲料。

（一）能量饲料

凡饲料干物质中粗纤维含量低于18%、粗蛋白含量低于20%的饲料均属能量饲料，包括谷物饲料、块根块茎饲料、油脂饲料。常见的能量饲料有玉米、高粱、小麦、麸皮、南瓜、油脂等。

1. 玉米 玉米是主要的能量饲料，能量高、纤维少、适口性好、消化率高，在日粮中的配比可达40%~60%。玉米中亚油酸含量高达2%，能满足鸡对亚油酸的需要量。黄玉米中胡萝卜素和叶黄素含量较高，有利于鸡的生长、产蛋、皮肤着色。但是玉米中蛋白质含量低、质量差，钙、磷及B族维生素含量低。

2. 高粱 高粱含有丰富的淀粉，蛋白质含量较玉米稍高，但外壳坚硬，不易消化，又含单宁酸，适口性差，喂多了易便秘，可碾碎或浸水发芽后喂。比重不能太大，一般可占日粮的 5%～10%。

3. 小麦　小麦的营养价值很高，所含的能量和蛋白质也多，氨基酸比其他谷物完善，B 族维生素也较丰富，含钙量很低，适口性较好，鸡爱吃。一般是磨碎喂食，但不能磨成细粉状，避免造成鸡的滞食。用量一般占日粮的 12%～13%。

4. 麸皮　麸皮的粗蛋白和 B 族维生素含量较高，适口性好，有轻泻作用，适合喂育成鸡和蛋鸡。但麸皮能量低，纤维含量高，钙、磷比例不平衡，一般占日粮的 3%～5%。

5. 南瓜　南瓜含有丰富的胡萝卜素，各种养分完全，消化率高，味甜，鸡喜欢吃，可代替青料，促进鸡的长羽，加快鸡的增重。一般煮熟喂给，用量可占日粮的 50% 左右。

6. 油脂　油脂的能量浓度很高，且易被鸡利用，饲料中添加油脂可减少饲料粉尘，减轻热应激造成的损失，改善饲料外观。肉用仔鸡饲料中添加 2%～4% 的油脂，可提高增重和饲料利用率。夏季蛋鸡日粮中添加 1%～2% 的油脂，可显著提高饲料利用率，提高产蛋量。油脂可分为植物油和动物油两类，植物油的吸收率高于动物油；植物油含亚油酸高达 51%～55%，动物油仅含 4.3%～22.3%。

（二）蛋白质饲料

蛋白质饲料是指饲料干物质中粗蛋白含量在 20% 以上、粗纤维含量在 18% 以下的饲料。蛋白质饲料分为植物性蛋白质饲料和动物性蛋白质饲料。植物性蛋白质饲料以各种油料籽实榨油后的饼粕为主，主要有大豆、棉籽、花生、菜籽、向日葵等饼粕。动物性蛋白质饲料主要包括鱼粉、肉骨粉、蚕蛹粉、血粉、羽毛粉等。

1. 植物性蛋白质饲料

（1）大豆饼（粕）　大豆饼（粕）是大豆榨油后的副产品，压榨提油后的块状副产物称作饼，浸提出油后的碎片状副产物称作粕。大豆饼（粕）在所有饼粕蛋白质饲料中质量最好，蛋白质含量为

40%~50%，赖氨酸含量达 2.45%~2.70%，是所有饼粕类饲料中的最高者，代谢能达 10~11 兆焦/千克，但大豆饼（粕）缺乏蛋氨酸，在配合日粮时应添加蛋氨酸。大豆饼（粕）是优良的蛋白质饲料。

（2）菜籽饼（粕）　油菜籽用于榨油所得的副产品为菜籽饼（粕）。菜籽饼（粕）含蛋白质 34%~38%，蛋氨酸含量高，为 0.58%，但赖氨酸、精氨酸含量较低，且含有毒的芥子苷，其酶解产物会毒害肝、肾及甲状腺等，需经去毒才能作为鸡饲料，一般用量可占饲料的 5% 左右。近年来研制出菜籽饼（粕）解毒剂，添加后可使用量增至 20%，但仍不能作为日粮中唯一的蛋白质饲料来源，因为菜籽饼（粕）味苦涩，适口性差，若日粮中用量过大，则畜禽采食量会降低。

（3）棉籽饼（粕）　棉籽榨油后的副产品称为棉籽饼（粕）。棉籽饼（粕）蛋白质含量可达 33%~41%，但赖氨酸不足，精氨酸过高，蛋氨酸含量也低。棉籽饼（粕）含有环丙烯脂酸和棉酚，前者可使鸡蛋蛋白变成粉色，后者可使鸡蛋蛋黄变成橄榄色，降低鸡蛋品质。棉籽饼（粕）中的结合棉酚没有毒性，但游离棉酚可使畜禽中毒，一般机榨饼和浸提粕的游离棉酚含量低，土榨饼的含量高。

（4）花生饼（粕）　花生仁榨油后的副产品称为花生饼（粕）。花生饼（粕）的蛋白质含量高，高的可达 44% 以上，但氨基酸组成不佳，赖氨酸含量（1.35%）和蛋氨酸含量（0.39%）都很低，仅为大豆饼（粕）含量的 52% 左右。精氨酸含量较高，达 5.2%，是所有动植物饲料中的最高者。由于赖氨酸:精氨酸=10:380 以上，饲喂家禽必须与含精氨酸少的菜籽饼（粕）、鱼粉、血粉等配伍。花生饼（粕）的适口性极好，有香味。花生饼（粕）对雏鸡及成鸡的热能值差别很大，尤其是加热不良之成品更会引起雏鸡的胰脏肥大。这种影响随鸡龄的增加而降低，育成期可用至 6%，产蛋鸡可用至 9%，生产实践中有用量高达 12%~14%，但为避免黄曲霉毒素中毒，用量应限制在5%以下。

（5）玉米蛋白粉 又叫玉米面筋粉，含蛋白质25%~60%，且粗纤维含量少，蛋白质消化率高（如鸡为81%），是家禽的优质蛋白质饲料。其赖氨酸和色氨酸含量严重不足，不及蛋白质含量相同的鱼粉的1/4，但蛋氨酸含量高，与鱼粉相近。精氨酸含量是赖氨酸含量的2~2.5倍。另外，玉米蛋白粉中含有的叶黄素也有着色作用。

2. 动物性蛋白质饲料

（1）鱼粉 鱼粉的蛋白质含量高，氨基酸组成完善，维生素与矿物质含量丰富，钙、磷比例适当，对雏鸡生长和产蛋、配种都有良好的效果，因而成为养鸡业中最理想的动物性饲料。进口鱼粉呈棕黄色，粗蛋白含量在65%左右，含盐量低，用量可占日粮的10%~12%，国产鱼粉呈灰褐色，粗蛋白含量为35%~55%，食盐含量高，一般只占日粮的5%~7%，否则易造成食盐中毒。因鱼粉价格昂贵，且质量问题时有发生，近年来种鸡生产中已较少使用。

（2）血粉 血粉的蛋白质含量为80%~85%，赖氨酸含量为6%~7%，但异亮氨酸严重缺乏，蛋氨酸也较少。用低温、高压喷雾方法生产的血粉，赖氨酸利用率为80%~95%；用老式干热方法生产的血粉，赖氨酸利用率仅为40%~60%。一般血粉的适口性差，日粮的血粉主要用来补充赖氨酸，通常用量为2%~4%。

（3）蚕蛹 蚕蛹的蛋白质含量较高，而且氨基酸较平衡，尤其蛋氨酸含量高，是鸡的优质蛋白饲料。蚕蛹在鸡饲粮中可搭配5%左右。

（三）矿物质饲料

矿物质饲料都是含营养物质比较专一的饲料，用来补充1~2种矿物质。

1. 贝壳、石灰石 贝壳、石灰石均为钙的主要来源，贝壳是最好的矿物质饲料，含钙量在30%以上，易为家禽吸收，日粮中最好有一部分碎块石灰石，一般含钙量为35%以上，且价格便宜。在日

粮配合时，雏鸡一般喂 1% 左右，成鸡喂 5%~7%。

2. **骨粉**　骨粉为优良的钙、磷饲料，含钙量约为 32%，含磷量约为 14%，不仅钙、磷的含量丰富，且比例适当，用量一般占日粮的 1%~3%。

3. **食盐**　食盐为钠和氯的来源，植物性饲料大多缺乏钠和氯，必须经常补充。一般日粮中可添加食盐 0.37%，但如果饲料中配有咸鱼粉时，应计算咸鱼粉的含盐量，以免造成中毒。

（四）维生素饲料

植物饲料中的青绿饲料和青绿草粉都含有丰富的各种维生素。但实际配合日粮时常用的维生素多属工业合成或提纯的单一维生素或复合维生素，市场上有专品供应。它的用量很小，在日粮中只需万分之几，甚至少到百万分之几，但却不能缺少。

（五）饲料添加剂

添加剂是指在配制饲料时，在常用饲料之外，为某种特殊目的而加入配合饲料中的少量或微量物质。饲料添加剂用于完善饲料的全价性，提高饲料的利用效率，促进鸡生长、生产和预防疾病，减少饲料营养物质在贮存期间的损失，改进家禽的肉蛋品质。

饲料添加剂根据其成分和作用可分为两大类，即营养性添加剂和非营养性添加剂。

1. **营养性添加剂**　主要用于补充、平衡配合饲料的营养成分，提高饲料的营养价值。包括氨基酸添加剂、微量元素添加剂和维生素添加剂。

（1）**氨基酸添加剂**　目前人工合成的氨基酸主要是蛋氨酸和赖氨酸。蛋氨酸是第一限制性氨基酸，以玉米、大豆饼（粕）为主的饲粮添加蛋氨酸，可节省动物性饲料用量，通常在日粮中的添加量为 0.05%~0.2%。赖氨酸也是限制性氨基酸，因为饲料中的部分赖氨酸会与其他物质结合而不易被家禽利用，饲料中添加赖氨酸时，应考虑饲料中有效赖氨酸的含量，一般在日粮中的添加量为 0.05%~0.25%。

（2）微量元素添加剂　现在市场上多为复合微量元素，笼养鸡的日粮中必须使用。另外，在土壤中缺硒的地区，要格外注意硒元素的添加。

（3）维生素添加剂　维生素添加剂分为单一维生素制剂和复合维生素制剂两大类。笼养鸡在配合饲料时要添加复合维生素制剂。

2. 非营养性添加剂　主要包括抗生素添加剂、抗球虫剂、抗氧化剂等。

（1）抗生素添加剂　这类添加剂主要有杆菌肽锌、红霉素、金霉素等抗生素。肉用鸡因药物残留问题，要求宰前 1~2 周停止用药。产蛋鸡不能使用抗生素，以防止药物污染鸡蛋，但杆菌肽锌允许使用，因为它不被吸收入血。

（2）抗球虫剂　在雏鸡和肉用仔鸡的饲料中常常添加抗球虫剂。抗球虫剂在肉用仔鸡出场前 1 周必须停止用药。常用的有盐酸氨丙啉、盐霉素钠等。

（3）抗氧化剂　它可以防止饲料中脂肪及脂溶性养分的氧化变质，抑制不饱和脂肪酸过氧化物的形成，防止因脂肪酸败分解产物与赖氨酸中的 ϵ-氨基作用而降低氨基酸利用率，可保持维生素的活性。常用的有二丁基羟基甲苯、乙氧喹啉等。

二、鸡的饲养标准

鸡的饲养标准是根据鸡的不同种类、性别、体重、年龄、生理状况、生产目的与生产水平，经过大量的多种科学试验（如能量平衡试验、消化代谢试验、饲养试验等），结合生产实践经验，科学地规定一只鸡每天或每千克饲料中应给予的能量和营养物质的数量。目前，我国鸡的饲养标准见表 3-2 至表 3-9。

表3-2 生长鸡的营养需要量

项 目	生长鸡周龄					
	0~6		7~14		15~20	
代谢能（兆焦/千克）	11.92		11.72		11.30	
粗蛋白质（%）	18.00		16.00		12.60	
蛋白能量比（克/兆焦）	15		14		11	
钙（%）	0.80		0.70		0.60	
总磷（%）	0.70		0.60		0.50	
有效磷（%）	0.40		0.35		0.30	
食盐（%）	0.37		0.37		0.37	
氨基酸	%	克/兆焦	%	克/兆焦	%	克/兆焦
蛋氨酸	0.30	0.25	0.27	0.23	0.20	0.18
蛋氨酸+胱氨酸	0.60	0.50	0.53	0.45	0.40	0.35
赖氨酸	0.85	0.71	0.64	0.55	0.45	0.39
色氨酸	0.17	0.14	0.15	0.13	0.11	0.10
精氨酸	1.00	0.84	0.89	0.76	0.67	0.59
亮氨酸	1.00	0.84	0.89	0.76	0.67	0.59
异亮氨酸	0.60	0.50	0.53	0.45	0.40	0.35
苯丙氨酸	0.54	0.45	0.48	0.41	0.36	0.32
苯丙氨酸+酪氨酸	1.00	0.84	0.89	0.76	0.67	0.59
苏氨酸	0.68	0.57	0.61	0.52	0.37	0.33
缬氨酸	0.62	0.52	0.55	0.47	0.41	0.36
组氨酸	0.26	0.22	0.23	0.20	0.17	0.15
甘氨酸+丝氨酸	0.70	0.59	0.62	0.53	0.47	0.42

表3-3　产蛋期蛋用鸡及种母鸡的营养需要量

项　目	产蛋鸡及种母鸡的产蛋率（%）					
	大于80		65~80		小于65	
钙（%）	3.50		3.40		3.20	
总磷（%）	0.60		0.60		0.60	
有效磷（%）	0.33		0.32		0.30	
食盐（%）	0.37		0.37		0.37	
氨基酸	%	克/兆焦	%	克/兆焦	%	克/兆焦
蛋氨酸	0.36	0.31	0.33	0.29	0.31	0.27
蛋氨酸+胱氨酸	0.63	0.55	0.57	0.49	0.53	0.46
赖氨酸	0.73	0.63	0.66	0.57	0.62	0.54
色氨酸	0.16	0.14	0.14	0.12	0.14	0.12
精氨酸	0.77	0.67	0.70	0.61	0.66	0.57
亮氨酸	0.83	0.72	0.76	0.66	0.70	0.61
异亮氨酸	0.57	0.49	0.52	0.45	0.48	0.42
苯丙氨酸	0.46	0.40	0.41	0.36	0.39	0.34
苯丙氨酸+酪氨酸	0.91	0.79	0.83	0.72	0.77	0.67
苏氨酸	0.51	0.44	0.47	0.41	0.43	0.37
缬氨酸	0.63	0.55	0.57	0.49	0.53	0.46
组氨酸	0.18	0.16	0.17	0.15	0.15	0.13
甘氨酸+丝氨酸	0.57	0.49	0.52	0.45	0.48	0.42

表 3-4　蛋用鸡的维生素、亚油酸及微量元素需要量

营养成分	0~6 周龄	7~20 周龄	产收鸡	种母鸡
维生素 A（国际单位）	1500	1500	4000	4000
维生素 D_3（国际单位）	200	200	500	500
维生素 E（国际单位）	10	5	5	10
维生素 K（毫克）	0.5	0.5	0.5	0.5
硫胺素（毫克）	1.80	1.30	0.80	0.80
核黄素（毫克）	3.6	1.8	2.2	3.8
泛酸（毫克）	10.0	10.0	2.2	10.0
烟酸（毫克）	27	11	10	10
吡哆醇（毫克）	3	3	3	4.5
生物素（毫克）	0.15	0.10	0.10	0.15
胆碱（毫克）	1300	500*	500	500
叶酸（毫克）	0.55	0.25	0.25	0.35
维生素 B_{12}（毫克）	0.009	0.003	0.004	0.004
亚油酸（克）	10	10	10	10
铜（毫克）	8	6	6	8
碘（毫克）	0.35	0.35	0.30	0.30
铁（毫克）	80	60	50	60
锰（毫克）	60	30	30	60
锌（毫克）	40	35	50	65
硒（毫克）	0.15	0.10	0.10	0.10

* 胆碱在 7~14 周龄为 900 毫克。

表3-5　肉用仔鸡的营养需要量

项　目	0~4周龄		5周龄以上	
代谢能（兆焦/千克）	12.13		12.55	
粗蛋白质（%）	21.00		19.00	
蛋白能量比（克/兆焦）	17		15	
钙（%）	1.00		0.90	
总磷（%）	0.65		0.65	
有效磷（%）	0.45		0.40	
食盐（%）	0.37		0.37	
氨基酸	%	克/兆焦	%	克/兆焦
蛋氨酸	0.45	0.37	0.36	0.28
蛋氨酸+胱氨酸	0.84	0.70	0.68	0.54
赖氨酸	1.09	0.90	0.94	0.75
色氨酸	0.21	0.17	0.17	0.13
精氨酸	1.31	1.08	1.13	0.90
亮氨酸	1.22	1.01	1.11	0.88
异亮氨酸	0.73	0.60	0.66	0.52
苯丙氨酸	0.65	0.54	0.59	0.47
苯丙氨酸+酪氨酸	1.21	1.00	1.10	0.87
苏氨酸	0.73	0.60	0.69	0.55
缬氨酸	0.74	0.61	0.68	0.54
组氨酸	0.32	0.26	0.28	0.22
甘氨酸+丝氨酸	1.36	1.12	0.94	0.75

表 3-6　肉用仔鸡的维生素、亚油酸及微量元素需要量

营养成分	0~4 周龄	5 周龄及以上
维生素 A（国际单位）	2700	2700
维生素 D_3（国际单位）	400	400
维生素 E（国际单位）	10	10
维生素 K（毫克）	0.5	0.5
维生素 B_1（毫克）	1.8	1.8
维生素 B_2（毫克）	7.2	3.6
泛酸（毫克）	10.0	10.0
烟酸（毫克）	27	27
吡哆醇（毫克）	3	1
生物素（毫克）	0.15	0.15
胆碱（毫克）	1300	850
叶酸（毫克）	0.55	0.55
维生素 B_{12}（毫克）	0.009	0.009
亚油酸（克）	10	10
铜（毫克）	8	8
碘（毫克）	0.35	0.35
铁（毫克）	80	80
锰（毫克）	60	60
锌（毫克）	40	40
硒（毫克）	0.15	0.15

表 3-7   轻型白来航母鸡生长期的体重及耗料量

周龄	周末体重（克/只）	每2周耗料量（克/只）	累计耗料量（克/只）
出壳	38		
2	100	150	150
4	230	350	500
6	410	550	1050
8	600	720	1770
10	730	850	2620
12	880	900	3520
14	1000	950	4470
16	1100	1000	5470
18	1220	1050	6520
20	1350	1100	7620

表 3-8   地方品种肉用黄鸡的饲养标准

周　龄	0~5	6~11	12 及以上
代谢能（兆焦/千克）	11.72	12.13	12.55
粗蛋白质（%）	20.00	18.00	16.00
蛋白能量比（克/兆焦）	17	15	13

表 3-9　肉用黄鸡的体重及耗料量

周龄	周末体重（克/只）	每周耗料量（克/只）	累计耗料量（克/只）
1	63	42	42
2	102	84	126
3	153	133	259
4	215	182	441
5	293	252	693
6	375	301	994
7	463	336	1330
8	556	371	1701
9	654	399	2100
10	756	420	2520
11	860	434	2954
12	968	455	3409
13	1063	497	3906
14	1159	511	4417
15	1257	525	4942

三、配合饲粮的方法

合理的配制饲粮是满足鸡各种营养物质需要，保证正常饲养的关键，只有饲喂营养全面的饲粮才能保持鸡的健康和高产。

（一）配合饲粮的原则

其一，根据不同鸡的品种、年龄、生长发育阶段和产蛋率等，参照饲养标准中相应范围的指标，结合自身实际情况和实践经验，进行饲粮的配合。

其二，尽量选用当地易购买到、价格低廉的饲料，对一些当地没有又必需的饲料，要严格挑选低价无掺假的，降低饲粮配合成本。

其三，配合饲粮要考虑饲料的多样化，保证营养成分互补、营养全面，减少高价添加剂的用量。还要注意选用新鲜、无霉变、清洁、适口性好以及粗纤维含量低的饲粮。

其四，饲粮组合完后，应该粗算各营养成分的差异，考虑添加剂的用量，既要防止重复添加造成浪费，又要用量充足，保持营养平衡。

其五，配合饲粮选用的饲料要粉碎得粗细适宜。要求雏鸡料全部通过孔径2.5毫米的圆孔筛，在1.5毫米筛上的存留物不得多于15%；育成鸡及产蛋鸡料全部通过3.5毫米的筛孔，在2.5毫米筛上的存留物不得多于15%。粉碎的饲料要混合均匀。

其六，饲粮的配合应有相对的稳定性，如因需要而变动时，必须注意慢慢改变，饲粮配合的急变会造成鸡消化不良，影响鸡的生长和产蛋。

（二）配合饲粮的方法

配合饲粮的方法很多，下面介绍两种比较实用的方法。

1. 方形法　这种方法可以计算两种饲料的混合比例，使混合饲料达到一定的营养指标。

例一：用市场购来的浓缩饲料，含粗蛋白质48%；搭配玉米，含粗蛋白质8.6%；要求配成含粗蛋白质23%的肉仔鸡料。

计算步骤：

①画一正方形，四角联成交叉线，在中央标上配合料要求的粗蛋白质含量，左上角标玉米的粗蛋白质含量，左下角标浓缩饲料的粗蛋白质含量。如图进行计算。

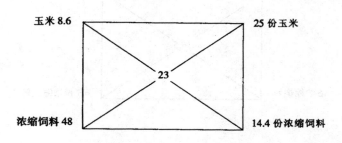

玉米8.6　　　　　　　　　　25 份玉米

23

浓缩饲料48　　　　　　　　14.4 份浓缩饲料

②计算方法。左上角数与中央数相减结果写在右下角，为配合饲料占用浓缩饲料的份数，即 23-8.6=14.4。左下角数与中央数相减结果写在右上角，为配合饲料占用玉米的份数，即 48-23=25。两料相加（25+14.4=39.4）为配合饲料的总分值。将两种饲料换成百分数。

玉米 =25/39.4×100%=63.5%

浓缩饲料 =14.4/39.4×100%=36.5%

③据上述结果，配合含粗蛋白质 23% 的饲粮，两种饲料的配比为：玉米 63.5%，浓缩饲料 36.5%。

例二：用玉米、小麦、麸皮和碎大米组成能量饲料作为自备料，加上从饲料公司购买的浓缩饲料（含粗蛋白质 46%），配合成粗蛋白质含量为 16.5% 的产蛋鸡饲粮。

计算步骤：

①首先确定不同的能量饲料在饲粮中应占的大致比例，玉米占 50%、小麦占 20%、麸皮为 15%、碎大米为 15%，合计为 100%。求能量饲料的粗蛋白质含量。

玉米 50%×8.6=4.30
小麦 20%×12.1=2.42
麸皮 15%×14.4=2.16
碎大米 15%×8.8=1.32
} 平均含粗蛋白质 10.2%

②方形计算法。

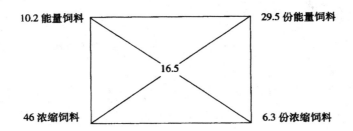

10.2 能量饲料　　　　　　　　29.5 份能量饲料

16.5

46 浓缩饲料　　　　　　　　6.3 份浓缩饲料

29.5+6.3＝35.8 份混合饲料

能量饲料：29.5/35.8×100%＝82.40%

浓缩饲料＝6.3/35.8×100%＝17.60%

其中：玉米 82.4×50%＝41.20%

小麦 82.4×20%＝16.48%

麸皮 82.4×15%＝12.36%

碎大米 82.4×15%＝12.36%

③据以上结果，配合含粗蛋白质 16.5%的产蛋鸡饲粮，各种饲料的配比为：玉米 41.20%、小麦 16.48%、麸皮 12.36%、碎大米 12.36%、浓缩饲料 17.60%。

2. 试差法　试差法是根据各种饲料的营养价值，选用数种饲料，并初步拟定用量和比例进行试配，然后将其中所含营养成分与饲养标准规定的营养定额进行对照比较，差值可通过调整饲料用量，使其符合饲养标准的规定。由于鸡饲养标准中所列营养指标很多，为了便于进行配合，通常是先平衡饲粮的代谢能和粗蛋白质两项指标，然后通过调整矿物质饲料用量和补充添加剂，以平衡其他各项营养指标。

例：用玉米、小麦麸、米糠、大豆饼、鱼粉、食盐、骨粉、石灰石粉及添加剂（维生素和微量元素）等原料配合产蛋率为 80%的产蛋母鸡饲粮。

①查出产蛋率为 80%的母鸡营养需要及拟用饲料的营养价值。

②初步拟定各种饲料的配合比例，并计算所试配饲粮的代谢能和粗蛋白质含量（表 3-10）。

③调整试配饲粮的组成。根据计算结果，每千克饲粮中所含代谢能比标准高 0.2 兆焦，而粗蛋白质含量则比标准低 0.6%。为此，可适当减少高能饲料玉米用量，而增加高蛋白质饲料大豆饼（粕）的用量。

饲粮组成经调整后，其代谢能和粗蛋白质含量基本符合标准

规定。

④用骨粉和石灰粉补充饲粮中所缺的钙、磷，则饲粮中钙、总磷及有效磷含量亦均基本符合要求。食盐按要求额补齐。

表3-10　试配饲粮的组成和营养价值

饲料	配合比例（%）	代谢能（兆焦/千克）	粗蛋白质（%）
玉米	62.0	0.62×14.06＝8.7	0.06×8.6＝5.3
小麦麸	4.0	0.04×6.57＝0.3	0.04×14.4＝0.6
米糠	4.0	0.04×10.92＝0.4	0.04×12.1＝0.5
大豆饼	15.0	0.15×11.05＝1.7	0.15×43＝6.5
鱼粉	5.5	0.055×10.25＝0.6	0.055×55.1＝3.0
物质饲料	9.0	—	—
混添加剂	0.5	—	—
合计	100.0	11.7	15.9
平衡（±）	—	0.2	+0.9

倘若有商品蛋氨酸和赖氨酸可供利用，则尚需计算饲料中氨基酸的含量。饲粮中蛋氨酸或赖氨酸含量不足，可通过添加商品氨基酸，使其在饲粮中的含量达到饲养标准规定的定额。

根据饲粮组成，可拟定饲粮配方（千克/吨）如下：

玉米600（60%）、骨粉12（1.2%）

小麦40（4%）、石灰石粉75（7.5%）

米糠40（4%）、食盐3（0.3%）

大豆饼（粕）170（17%）、预混添加剂5（0.5%）

鱼粉55（5.5%）、其他100（10%）

四、生态饲料

（一）青绿饲料

青绿饲料是指青绿鲜嫩、汁多柔软、叶绿素丰富、自然含水量大于 60% 的植物性饲料。其种类较多，一般包括青饲作物、青饲叶菜、天然牧草、栽培牧草、水生饲料、树叶、野草野菜等。采用生态养鸡技术的重点在于让鸡群充分采食天然的饲料资源，其中包含人工栽培的牧草和野生的杂草。一般可在生态养鸡场地内或场地附近或在空闲地大量种植牧草，以便为鸡群提供足量的青绿饲料，降低饲养成本，提高鸡肉和鸡蛋的品质。

1. 青绿饲料的营养特性

（1）水分含量高　陆生植物的自然含水量平均在 75%~90%，水生饲料高达 90%~95%。干物质含量较少，一般青草的干物质含量为 10%，营养浓度不高，有效能值较低。

（2）具有中等的粗蛋白质含量　普通禾本科牧草和叶菜类饲料的粗蛋白质含量为 1.5%~3%，豆科牧草为 3.2%~4.4%。禾本科青绿饲料干物质中粗蛋白质含量为 13%~15%，比禾本科籽实类饲料所含的粗蛋白质要多，豆科青饲料含粗蛋白质 18%~24%，和蛋白质饲料相当。青绿饲料粗蛋白质中含有较多的纯蛋白质，其富含营养价值较高的蛋白质。但是，青绿饲料中粗蛋白质含有不全面的必需氨基酸，普通禾本科青绿饲料中缺乏赖氨酸，豆科青绿饲料中缺乏胱氨酸和蛋氨酸。

（3）脂肪含量较少　脂肪占鲜重的 0.5%~1%，占干物质重的 3%~6%，必需脂肪酸的含量要多于同类植物种子脂肪中的含量。

（4）矿物质含量较全，钙、磷比例适当　矿物质占鲜重的 1.5%~2.5%，占干物质重的 12%~20%。磷少钙多，特别以豆科青绿饲料最为明显。

（5）维生素含量丰富 胡萝卜素含量比较高，平均为50～80毫克/千克，大大超过动物对胡萝卜素的需求量。一般情况下，豆科牧草的维生素含量高于禾本科牧草。

2. 豆科牧草

（1）紫花苜蓿 也叫苜蓿或紫苜蓿，因其开紫花所以得名。紫花苜蓿属于豆科多年生草本植物，平均寿命为5～7年，长者可达30年。前2～4年为旺盛期，第5年开始产量逐年下降。

紫花苜蓿适合温暖半干燥气候，寿命最长可超过60年，但一般3～5年后便用于生产，多者约为10年。夜间高温不利于植物生长，在华北地区4～6月是最宜生长的时期。紫花苜蓿具有较强的抗寒能力，可耐-20℃的低温，在有雪覆盖时，可耐-44℃的低温。紫花苜蓿根系深，有较强的抗旱能力，在年降水量250～800毫米、无霜期超过100天的地区均可种植。

紫花苜蓿对土壤没有严格的要求，适合中性或微碱性土壤，pH值6～8最佳。紫花苜蓿有很高的营养价值，具有丰富的粗蛋白质、维生素和矿物质。一般含粗蛋白质15%～20%，是豆饼的一半、玉米的1～1.5倍，赖氨酸含量为1.05%～1.38%，是玉米的4～5倍。

（2）白三叶草 属于多年生草本植物，喜温，不耐寒、不耐旱，耐阴湿，适合生长在果园、林间隙地、沟坡地段。匍匐生长，草质好，可连续使用7～8年，耐践踏，不仅是一种理想的放牧型牧草，也适合做观赏性草坪。亩产鲜草平均为3000～5000千克，适合用于喂养各种畜禽。与禾本科牧草以1:2的比例混播效果更佳。

（3）紫云英 又叫做红花草或翘摇。是豆科黄芪，属于一年生或越年生草本植物。紫云英富含维生素，每100克鲜草中含维生素C 1386毫克。紫云英平均亩产鲜草1500～2500千克，多则可达3500～4000千克。

（4）红豆草 属于多年生草本植物，为深根型牧草。红豆草适合温凉、干燥气候，有较强的适应环境的能力，耐干旱、寒冷、早霜、深秋降水、缺肥以及土壤贫瘠等不利因素。和苜蓿相比，红豆草有较强的抗旱能力，但抗寒性偏弱。在干旱地区，2~3龄平均亩产干草量为250~500千克；在水肥热条件较好的地区，每亩产鲜草量为1400千克，在沟坡地每亩产鲜草量为950千克；在水肥热条件充足的灌区，播种当年亩产鲜草量可达1500千克，2龄亩产量为2500千克，2~4龄最高亩产量为3500千克。红豆草颜色粉红艳丽，有很高的饲用价值，有"牧草皇后"的美称。饲用中，营养丰富全面，富含蛋白质、矿物质、维生素。收籽后的秸秆，色泽鲜绿、质地柔软，同样是家畜（禽）良好的饲草。调制青干草时，容易晒干，且不易掉叶。

（5）红三叶 属于短期多年生丛生性草本植物。其茎圆、中空、直立或斜上，长90~150厘米，分枝力强，一般有10~15个，多者可达30个。形状为掌状，三出复叶聚生于叶柄顶端；叶柄长3~10厘米，小叶卵形或长椭圆形，基部略宽，尖端狭窄，叶面有倒"V"形灰白色斑纹、全缘；托叶膜质，偏大，长约2厘米，有紫色脉纹，大部分与叶柄相连，尖端尖锐分出；茸毛分布在茎叶各部。红三叶属于长日照植物，但在营养生长期却能适应阴冷环境。

3. 禾本科牧草

（1）冬牧70黑麦 又叫做冬长草、冬牧草，是禾本科黑麦，属于冬黑麦的一个亚种。冬牧70黑麦的耐寒能力较强。在秋末播种，10天内出苗。生长期可耐受-10~-5℃的低温。有较强的耐旱能力，也适应盐碱地，在瘠薄的土地上也能正常生长。此外，有较强的抗病虫害能力，尤其是有较强的抗蚜虫能力。

冬牧70黑麦最大的长处是青绿，是解决家畜（禽）冬饲的优良牧草。鲜草、干草都很优良，一般情况下，一年可刈割3~4次，亩产鲜草量为4000~5000千克，具有较强的再生能力，高产，是值得大力推广种植的品种。

（2）多花黑麦草 属于短期多年生牧草，丛生型。适合温湿，不耐寒、不耐热、不耐旱，生长温度以20℃为最佳，寒冷地区可作

为一年生牧草。适宜在黏土或壤土地上种植。刈割后需要施足氮肥，适合喂养各种家畜（禽），是养鸡的优质青绿饲料。

（3）苏丹草 属于喜温植物，其分布地域与产量高低的主要决定性因素是温度条件。种子发芽的最佳温度为 20~30℃，最低温度为 10~12℃，在正常条件下，播种后 4~5 天可出苗，7~8 天可达到全苗。气温低、气候条件差，会影响出苗速度，大约要半个月才能达到全苗。苏丹草苗期生长速度缓慢，且对低温敏感，当气温低至 2~3℃时就会受冻害，但已长成的植株具有一定的抗寒能力。

苏丹草茎叶可作为青贮饲料和晒制干草，也适合于直接青饲。但幼苗含有氰氢酸，给鸡做饲料时要防止氰氢酸中毒。但长成后，氰氢酸含量会减少，通常情况下不会发生中毒事件。

4. 果蔬类 只要是可以食用的瓜果、蔬菜均能作为养鸡的饲料。南瓜、胡萝卜、白菜、包菜等蔬菜高产且便于贮藏，是鸡饲料的优质选择，喂饲时要留意矿物质的平衡问题。这类饲料含有丰富的水量，含有较低浓度的营养物质，体积大，不利于营养物质的摄入，喂量不宜过多，最多占到日粮的 40%。

5. 鲜树叶 一些鲜嫩的树叶如槐树叶、榆树叶等也可以作为鸡群的饲料。在修剪这类树木时，可以先收集一些嫩枝，集中起来供鸡群采食。

（二）人工育虫

昆虫富含蛋白质、脂肪和碳水化合物，以及游离氨基酸和维生素，其中钙、磷等矿物质和钾、钠、铁等微量元素也很丰富。饲料中添加 10% 的昆虫，就可提高肉鸡体重以及蛋鸡的产蛋率。用人工育虫作鸡饲料，成本低，可充分利用废料，生态环保，能有效解决当前农村缺少动物性蛋白质饲料的问题。现给大家简单介绍几个育虫法。

1. 秸秆育虫法 在鸡舍后方，接触不到阳光、较为潮湿的地方，挖一个深 0.6 米、长 1.5~2 米、宽 1~1.5 米的地坑。装料之前，先在地坑的底部铺上一层约 30 厘米厚的植物秸秆或杂草，在其上方浇上一层人粪尿，按照这样的顺序再铺两层，直到比地坑表面高出20厘米，用泥土封闭，平时多浇上一些淘米水，大约两周后开坑，里面便会生出许多虫子。

2. **畜粪育虫法**　往捣碎后的鸡粪、牛粪以及猪粪中加入3%的米糠或麦麸，混入稀泥搅拌均匀后堆成堆，铺上稻草或杂草。堆顶做成凹形，每天向粪堆浇刷锅水1~2次，大约半个月后便能生成大量的小虫，然后将鸡赶至堆边觅食。虫被吃完后，将堆重新堆好，数天后又可生虫喂鸡。如此循环利用，既环保又节省饲料费用。

3. **豆腐渣育虫法**　将1~1.5千克的豆腐渣，放入水缸中，倒入适量淘米水或米饭水，1~2天后盖缸盖，5~7天便有虫蛆育出，将虫捞出作为鸡的饲料。虫蛆吃完后，再加些豆腐渣，继续育虫。除此之外，将10千克酒糟加50千克豆腐渣混匀，堆成馒头形或长方形堆，2~3天后也可生虫。

4. **麦糠育虫法**　将麦糠堆成堆后，糊上碎草与稀泥，几天后即可生虫。

5. **黄粉虫培养法**　做一个长60厘米、宽40厘米、高10厘米，底为三合板或硬纸板的盒子，将卵箔放在底部。放置在温度25~30℃、相对湿度65%的环境中，3~5天后卵孵化为幼虫，再将幼虫从卵箔上取出，放置在另一个盒子中喂养。大约10天后，幼虫经6次蜕皮长成老龄幼虫，即可作为鸡的饲料。

人工育虫可以作为鸡生态养殖的补充饲料，但尽量不要大量使用，更不能将虫子作为鸡群的唯一饲料。

第三节 绿色生态饲养模式 〉〉〉

一、果园放养鸡的饲养管理

果园放养鸡是指利用林下空地给鸡群提供广阔的活动空间，空地上生长的杂草和虫子可作为鸡群的天然饲料。但在这个过程中还要留心防止鸡只损坏水果，要尽量减少鸡只飞到树上的情况。所以，果园放养鸡要依据果树的类型放养合适的鸡品种。

果园放养鸡有以下几个特殊要求：

第一，低矮乔木型果园主要是指苹果、梨、桃、杏、李子、樱桃等果园。这些果树的主干较为低矮、树枝的分枝位置偏低，鸡容易飞蹿到树上，可能会损坏树上的果实，所以需要特别关注。

第二，高大乔木型果园主要指柿子、核桃、板栗、大枣等果园。这些果树较为高大，树干高，靠中下部的树枝偏少，鸡不易飞到树上，不易对果实造成危害。

第三，多数果园都要在某时期喷洒农药，以便控制害虫对果树的危害。喷洒的农药对鸡群可能会产生毒性，如果不加以注意，则可能导致鸡群中毒。因此，要认真选择所需喷洒的农药，尽量选用对鸡没有毒性或毒性很低的药物。通常要求在喷洒农药的当天和之后7天内禁止鸡群在果园内觅食、活动，以免误食农药。通常经过1周的时间后，被毒死的虫子已经开始腐烂，附着在杂草叶面的农药也已经消失，此时再将鸡群放养到果园内会相对安全些。

第四，一些类似于油桃、樱桃、早桃、杏等水果的成熟期较早，可以在 5 月上旬，将肉用柴鸡放到像这一类的果园里，让鸡在果园内采食青绿饲料及各种虫子，5 月底之后，鸡可以飞到树上的时候，果实也已经采摘完毕。之后的时间里可以充分利用果园内的空间放养鸡群。

二、树林放养鸡的饲养管理

林地放养鸡是指利用林下大面积的空间，作为鸡群活动和觅食的场所。林地的树木枝干较高，靠下部的枝杈偏少，鸡几乎无法飞到树上，并且树上的果实也无需特别保护。所以，林地放养鸡没有特定的类型，适合放养各种类型的鸡。

林地放养鸡主要食用以下几种饲料：

①原粮，主要指玉米、麦子、稻子及大豆等。

②收集的青草，指刈割或收购附近的廉价的蔬菜、各种青草、秧蔓和新鲜的农作物秸秆等。

③野生饲料资源，主要指将林地下生长的各种杂草、人工种植的牧草以及滋生的各种虫子等作为饲料。

④矿物质饲料和沙粒矿物质饲料，主要指石粉和骨粉。这些饲料可以用专门的盆子盛放，放在放养鸡的林地中，让鸡群自由采食。沙粒均为不溶性的河沙，颗粒与绿豆和黄豆大小相仿，既可以单独盛放，也可以与石粉、骨粉混合后盛放。

⑤搭配饲料，主要指向粮食及其加工副产品中添加食盐、氨基酸、复合微量元素、复合维生素、骨粉（或磷酸氢钙）、石粉等配制成的营养相对全面的一种混合饲料。

放养管理时需要注意以下几个问题：

①每天可在天亮后 2 小时左右，将鸡群放到林地里。在夏季高温期间可提早放鸡，冬季低温期间则可以推迟放鸡时间；也可以根据鸡群周龄的大小来决定放养的时间，周龄小的可以晚放鸡、早收鸡，周龄大的可以提早放鸡。

②放养的数量可根据林下植被的生长情况而定，每亩地放养数量可在 20~50 只鸡。如果数量过多，会损坏地面植被，影响鸡群寻觅野生饲料。

③补充饲料可根据野生饲料资源的分布情况来确定。野生饲料资源匮乏的时候可以补充多量的饲料，丰富的时候少补饲料。通常情况下，补充的饲料量可以占体重的 2%~5%。如果是产蛋鸡，每天每只鸡补饲量为 40~80 克。

补饲的饲料成分也要根据放养场地内野生饲料资源的情况进行适当调整。如果场地多杂草，则补充配合饲料；如果场地多淀粉类饲料（如草籽、散落的谷物等），则多补蛋白质类饲料。

④在林地放养产蛋鸡，每天收蛋至少上午 2 次、下午 1 次，避免鸡蛋在产蛋窝内停留太长时间。这样不仅有利于保持鸡蛋的良好品质，也能够尽量避免母鸡抱窝现象的出现。

⑤如果放养场地面积较大，可采用轮牧的方法，即可以用尼龙网将林地分隔成 4~6 个小区，将鸡群放在一个小区内放养 3~4 天后，换到下个小区内继续放养。这样既对地面植被的恢复有好处，也有助于疾病的控制。

三、滩区放养鸡的饲养管理

1. 滩区放养鸡的特点　滩区主要是指在湖泊的周边以及河道的两旁，在每年降水量不大的月份，滩区会出现大片的荒地，生长着大批量的杂草。但过了雨季之后，降水量增大，导致河流和湖泊的水位上升，淹没大片的荒地。所以，滩区放养鸡的时间一般情况下只有3~4个月。

2. 适宜的放养时间 在3月初育雏最佳，进入4月份开始放养的时候，鸡群长到30日龄以上，这样的鸡对外界环境有较强的适应能力。

3. 适宜滩区放养的类型 因为滩区放养鸡的时间比较短，所以一般只适合放养肉鸡。

4. 设施 滩区放养鸡只需简单的设施，如用于避雨和休息的帐篷、用于围控鸡群的围网、发电设备、料桶以及饮水器。

5. 注意问题

（1）控制放养数量 每亩滩地放养的数量要控制在30~50只鸡。如果放养密度过大，则放养区内的杂草等野生饲料资源会被很快地吃净，影响新杂草的生长，后期放牧就可能没有足够的野生饲料。

（2）注意天气变化 大风、下雨天气时禁止鸡群外出，待风雨停下后再将鸡群放出。如果雨水很大，则要考虑河流和湖泊的水位上涨是否会影响到鸡群的安全。

（3）防止野生动物危害 放养前要清理场地，拿竹竿在场地中走一趟，驱赶蛇及其他体形较大的野生动物。白天放牧期间要定期在放养场地内巡查，夜间要用灯泡照明帐篷。

四、围圈放养鸡的饲养管理

1. 围圈放养鸡的特点 围圈放养鸡一般是将鸡舍修建在一个较为空旷的场地旁，并用篱笆、围网或围墙将场地围起来，将鸡群饲养在场地内。农村中一些废弃的砖窑场以及停产的工厂等都可用来作为围圈养鸡的场所。

和其他几种放养方式相比，围圈放养鸡群的活动范围比较小，可以用来作为饲料的野生资源非常有限，需要较多的配合饲料。

2. 饲养管理事项

（1）场地活动　鸡群适宜在天气良好的情况下充分运动，适宜有较多的场地活动时间。

（2）饲喂与补饲　如果青绿饲料比较充足，要尽可能多地使用青绿饲料；如果青绿饲料不足，可以饲喂配合饲料为辅。傍晚时，根据鸡群白天的采食情况，适当地补充配合饲料。

（3）保持场地的卫生　场地要保持洁净，需要定时打扫，及时清理粪便、剩余的青绿饲料、树叶等杂物，堆积到场地外固定的地方进行发酵。场地要定期消毒，温度高的季节每周消毒 2~3 次，温度低的季节每周喷洒 1 次消毒药。

第四章
肉鸡生产

第一节 肉用仔鸡生产 〉〉〉

一、肉用仔鸡的饲养管理技术

（一）选择适宜的饲养方式

肉用仔鸡的饲养管理方式有地面平养、网上平养和立体笼养三种。

1. 地面平养 地面平养是在鸡舍地面上铺有一定厚度且干燥松软的垫料，将肉用仔鸡养在垫料上任其自由活动。目前肉用仔鸡生产上普遍采用的是厚垫料地面平养，即平时不清除鸡粪，也不更换垫料，而是根据垫料的污染程度连续性加厚，待这批鸡出栏后才一次性清除干净。这种方法节省劳力、投资少、设备简单、残次品少，但占地面积大，需要大量的垫料，且因鸡群直接与粪便接触，发生疫病的危险性较大。

2. 网上平养 网上平养是将肉用仔鸡养在特制的网床上面，网床由床架、底网和网围构成。肉用仔鸡生产上常在金属底网上再铺一层弹性塑料方眼网，这种网柔软有弹性，肉用仔鸡在其上活动，可降低腿病和胸囊肿的发生率，提高商品合格率。网上平养不用垫料，饲养密度比地面平养高 25% 左右，管理方便，劳动强度小。网上平养减少了肉用仔鸡与鸡粪的接触，降低了感染消化道疾病的概率，特别是对球虫病有较好的控制效果，但网上平养一次性投资较大。

3. 立体笼养 立体笼养就是将肉用仔鸡饲养在特制的多层笼内。笼养饲养密度高，鸡舍利用率和劳动效率均较高，并能有效地控制球虫病和白痢病的蔓延。但笼养一次性投资大，且胸囊肿和腿病的发生率较高。近年来肉用仔鸡生产上采用塑料笼底或全塑料鸡笼，使胸囊肿的发生率大大降低。还有些饲养场将笼养与平养结合，即在 3 周龄内采用笼养，3 周龄后转为垫料地面平养，收到了良好的饲养效果。

（二）肉用仔鸡对饲粮的营养要求

肉用仔鸡饲粮必须含有较高的能量和蛋白质水平，对维生素、矿物质等微量成分的要求也很严格。一般认为饲粮的代谢能在 12.97～14.23 兆焦/千克范围内，增重和饲料效率最好。而蛋白质含量以前期 23%、后期 21%为最佳。依我国当前的实际情况，从生产性能和经济效益全面考虑，肉用仔鸡饲粮的代谢能水平应不低于 12.13～12.55 兆焦/千克，蛋白质含量以前期不低于 21%、后期不低于 19%为宜。同时要注意满足必需氨基酸的需要量，特别是赖氨酸、蛋氨酸以及各种维生素、矿物质的需要。

肉用仔鸡饲养期短，饲粮配方应尽可能保持稳定，如因需要而改变时，必须逐步更换，饲粮突然改变会造成鸡消化不良，影响肉鸡生长。

（三）肉用仔鸡的饮水与饲喂

肉用仔鸡生长速度较快，相对生长强度很大。早入舍、早饮水、早开食，加强早期饲喂，是整个饲养过程的关键措施。

1. 饮水 肉用雏鸡进入育雏舍稍微休息后即应让其饮水。为了满足其快速生长的需要，雏鸡开水后，应保持充足清洁的饮水不间断。肉用雏鸡的饮水量取决于环境温度和采食量，通常每吃 1 千克的饲料，饮水 2～3 千克。气温升高，饮水量增多；鸡群患病和产生

应激时，饮水量增多。

2. 饲喂　肉用仔鸡可实行自由采食，提供充足的采食槽位，逐日增加给料量。但为了充分提高肉用仔鸡的采食量，可通过短时间停料刺激鸡的食欲，即采取分次间断给料。初饲时雏鸡每次采食量少，一般间隔 2~3 小时饲喂 1 次，每天饲喂 8~10 次，以后逐渐减少饲喂次数。从 3 周龄起一直到出售，每天可饲喂 5~6 次。饲喂时要根据肉用仔鸡的生长发育规律采用不同营养水平的饲料，一般 0~4 周龄使用肉用仔鸡前期料，4 周龄后至上市采用后期料。目前也有采用三段制的饲养标准，即 0~3 周龄采用前期料，4~6 周龄采用中期料，6 周龄后至上市采用后期料。肉用仔鸡前期料要求较高的蛋白质水平，中、后期料要适当降低蛋白质水平，并提高能量水平。喂料量应参考种鸡场提供的耗料标准，结合饲养条件灵活掌握。

颗粒饲料适口性好，营养全面，比例稳定，经包装、运输、饲喂等工序不会发生质的分离和营养成分不均等现象，饲料浪费少。使用颗粒饲料饲养肉用仔鸡虽然成本稍高一些，但饲养效果明显优于粉状料，所以目前在肉鸡饲养上较多地采用颗粒饲料。

（四）采用科学的饲养制度

1. 公母分群饲养　肉用仔鸡公、母分群饲养是近年来随着肉鸡育种水平和初生雏性别鉴定技术的提高而发展起来的一种饲养制度，它同目前普遍采用的混养式相比有其独到之处，在国内外仔鸡的生产中越来越受到重视。这主要是由于公、母肉用仔鸡生长发育的特点不同，通常 2 周龄后公鸡的生长速度比母鸡快，沉积脂肪的能力比母鸡弱。

从 3 周龄起公、母鸡对蛋白质和氨基酸的需要量有显著的差异，公鸡的需要量明显比母鸡高，且能有效地利用较高的蛋白质和赖氨酸饲料来提高增重速度。而母鸡采食过多的蛋白质会在体内转化成体脂肪，增重效果不明显，且造成饲料浪费。肉用仔鸡公、母分群饲养具有提高饲料利用率、减少浪费，提高产品质量，鸡群整齐度高等优点。因此，建议专业户养鸡时实行公、母分群饲养。公、母分群饲养时应采取的技术措施主要有以下三点：

（1）根据营养需要的不同确定日粮营养水平　按性别的不同调整日粮的营养水平，以满足不同的鸡群在不同的饲养阶段所需要的不同营养。在饲养前期，公雏日粮的蛋白质含量可达 24%~25%，母雏则只需要 21%。为了降低饲养成本，在优质饲料不足的情况下，应尽量使用质量较好的饲料来喂公鸡。

（2）根据生长发育需要选择适宜的环境　公、母鸡羽毛生长的速度不同，公雏羽毛生长速度慢，保温能力差，育雏时温度宜高一些，公雏 1 日龄为 35~36℃，母雏为 33~34℃，以后每天降低 0.5℃，每周降低 3℃，直至 4 周龄时，温度降至 21~24℃，以后维持此温度不变。如果遇到如防疫接种等应激反应大的情况，可将温度适当提高 1~2℃，夜间温度比白天高 0.5℃。要保持温度相对稳定，不能忽高忽低，同时要注意相对湿度的适宜性，以保证最少的耗料和最大的饲料报酬。由于公鸡体重大，胸囊肿病的发病率大大超过母鸡，所以对地面平养方式来说要增加垫料厚度，提供比较松软的垫料；而对网上平养方式来说，要选择质地柔韧、弹性大、硬度小的网片，尽量降低胸囊肿病的发病率。

（3）根据市场需要确定出栏时间　一般肉用仔鸡在 7 周龄以后，母鸡增重速度相对下降，饲料消耗急剧增加，这时如已经达到了上市体重即可提前出栏；公鸡要到 9 周龄以后增重速度才下降，因而公鸡可到 9 周龄时上市。临近出栏前 1 周要掌握市场行情，抓住有利时机，集中一天将同一房舍的鸡出售完毕，尽量避免零卖。

2."全进全出"饲养　"全进全出"是指同一栋鸡舍或全场同一时间内只养同一日龄的肉用仔鸡，养成后又在同一时间出场。

采用这种饲养制度，便于采用统一的饲料、统一的防病程序和管理措施，并可在每批肉鸡出场后进行彻底的清扫、消毒，防止病原的循环感染。

（五）肉用仔鸡出场管理

1. 适时出栏　为了获取最大的经济效益，肉用仔鸡要适时出栏。生产上要根据肉用仔鸡的生长发育规律结合市场的需求特点和价格等因素，确定最合适的出场日龄。

2. 适时停料　肉用仔鸡出场前还应计算好捉鸡到屠宰所需的时间，以便适时停料。一般宰前8小时断食，但不停止供水。断食时间过长，不仅肉鸡失重太大，而且胴体品质和等级也有所下降。断食时间过短，不仅浪费饲料，而且会增加运输过程中的死亡。

3. 正确抓鸡　抓鸡前首先要营造一种让鸡群安定的环境，尽量将鸡舍的光线变暗，移走料桶和饮水器等器具。抓鸡时不应抓翅膀，应抓跖部，以免造成骨折或出现淤血。

4. 妥善装运　肉用仔鸡出栏时的捕捉与装运工作十分重要，因为捕捉与装运是决定肉用仔鸡饲养成败最后的关键环节，捕捉与装运的方法和措施不当就会前功尽弃，造成意想不到的损失。肉用仔鸡出栏时的捕捉与装运应注意以下几点：

①出栏前应先清理鸡场内的道路和鸡场入口处的障碍，确保运输车辆畅通。

②根据具体的屠宰时间来计算捕捉时间和运输时间，以保证在规定时间内到达屠宰场。

③开始捕捉鸡只前要撤去所有的喂料器及饮水器。

④捕捉鸡只时应将鸡舍分成若干区域，防止鸡只在墙角及鸡舍末端聚堆。尽量安排人员来防止因聚堆而导致窒息的损失。每个区域周围的鸡只以在适当时间内捕捉完为宜。

⑤鸡群一旦被围好，捕捉人员应尽快且谨慎地去捕捉，捕捉鸡

只时应抓住鸡的双腿，捕捉体重较大的鸡只时应双手抓住鸡的背部，以减少对鸡的应激与损伤。

⑥无论白天还是晚上捕捉鸡只，都要尽量减小光照强度，避免对鸡的惊吓。

⑦负责捕捉鸡只的工作人员，应不断检查捕捉工作，发现问题应及时纠正，尽量减少在捕捉时造成的意外损失。

⑧在往鸡笼内装鸡时要小心轻放，应把鸡蹲放在笼内，让鸡头部向上，每笼不要装得太多，以免鸡被压死。

⑨每笼装鸡的数量要根据季节气温、体重的大小以及运输时间的长短来决定，一般情况下，冬季可以多装 1~2 只，夏季尽量少装一点，以每只鸡在笼内都有一点活动空间为宜。

二、优质黄羽肉鸡生产

（一）优质黄羽肉鸡生产概况

优质黄羽肉鸡是相对于快速生长型肉鸡而言的，一般指我国部分肉用性能良好的地方品种，经过多年的纯化选育，羽色体形趋向一致，生产性能有所提高的群体。它具有体形小，肉质细嫩、鲜美，性成熟较早等快大型肉鸡无法比拟的优点。现代肉鸡生产正向着优质、高效、低耗、小型化发展。我国的优质草鸡与改良草鸡养殖业异军突起，需求量激增，经济效益相当可观，现已成为养禽业发展的热点。

我国的优良地方品种或经改良的仿土鸡品种较多，如北京油鸡、惠阳鸡、石岐杂鸡等，与白羽快速生长型肉用仔鸡相比，优质黄羽肉鸡繁殖率稍低、生长速度慢、饲料报酬低、周期稍长，现不少地区利用固有的黄羽肉鸡为素材，与引进的大型红羽肉鸡品种（如海佩科、红布罗、安卡红、狄高黄羽肉鸡等）或隐性白羽肉鸡品系进

行杂交，其后代用于商品生产，其生产性能和肉质风味介于两者之间，具有一定的市场竞争力。

我国的优质黄鸡市场从长速上可分为三种类型，即快长型、仿优质型和优质型三种，呈多元化分布，不同的市场对长速和外观具有不同的要求。

1. **快长型市场**　以长江中下游省市为代表的上海、江苏、浙江、安徽市场，要求 49 日龄公、母鸡平均上市体重 1.3～1.5 千克。该市场对生长速度的要求较高，对"三黄"特征的要求较为次要。受饮食习惯的影响，饲养者喜欢饲养公雏。

2. **仿优质型市场**　以香港市场和广东珠江三角洲为代表。该市场以经营母鸡为主，其生产的公雏销往外省区。要求母鸡 80～100 日龄上市，体重 1.5～2.0 千克。对"三黄"特征的要求较高，上市的鸡只要求黄胫（黄脚），冠红而大，毛色光亮。

3. **优质型市场**　以广西、广东湛江地区和广州部分市场为代表，要求小母鸡 90～120 日体重 1.1～1.5 千克，冠红而大，羽毛光亮，胫较细。这种类型的鸡一般未经杂交改良，以广西和清远的地方鸡种为主。

（二）优质黄羽肉鸡的营养需要特点

由于优质黄羽肉鸡比快速生长型肉鸡生长慢，饲养周期长，因而其营养要求比快速生长型肉鸡稍低些。日粮代谢能水平一般比快长型鸡肉低 2%～3%，蛋白质水平低 5%～8%，氨基酸、维生素和微量元素水平可与蛋白质水平同步下降。

（三）优质黄羽肉鸡饲养技术要点

1. **严格消毒**　雏鸡在未进鸡舍前，应对鸡舍、用具进行全面彻底的消毒。

2. **掌握好温、湿度**　第 1 周温度保持在 34℃左右，以后每周下降 2℃左右，4 周龄后保持在 20～25℃。舍内相对湿度掌握在

55%~65%为宜。

3. **适时饮水和开食** 在雏鸡入舍后 12 小时饮水,初饮时在水中加 5%葡萄糖温开水或维生素 C 水。在出孵后 24 小时"开食",开食料可用易消化、营养丰富的小鸡全价饲料或烫软的碎米等。快速型肉用鸡从雏鸡到青年鸡都喂商品全价料,草鸡从鸡雏到青年鸡阶段可喂自配料。

4. **适宜的光照** 第 1 周每天要求 23~24 小时光照,第 2 周以后每天光照 13 小时即可,以后逐步采用自然光照时间。灯泡一般距地面 2 米,每平方米 2.7~3.5 瓦即可。

5. **选择合适的饲养方式** 黄羽快速型肉鸡采用离地平养、圈养为主。草鸡采用离地平养与放牧相结合的方式,以放牧为主,公、母鸡要分开饲养。

6. **做好疾病的防治工作** 认真做好鸡白痢、鸡球虫、鸡新城疫、鸡传染性法氏囊病、传染性支气管炎等疫病的预防工作。

第二节 肉用种鸡生产 〉〉〉

　　饲养肉用种鸡的任务是提供尽可能多的合格的种蛋，从而获得健壮且肉用性能优良的肉用雏鸡。因此在肉用种鸡生产中，一方面要求种鸡具有优良的遗传性能；另一方面要靠加强鸡群的饲养管理，特别要做好限制饲养和光照管理工作，以确保种鸡具有良好的繁殖体况，努力提高产蛋率和种蛋的受精率。

一、育雏期的饲养管理要点

　　肉用种鸡的育雏工作除了温度、湿度、通风换气、适时给水开食及一些日常的常规饲养管理工作与肉用仔鸡相似，还有一些独特的要求。如育雏目标与肉用仔鸡不一样，肉用种鸡 4 周龄末育雏结束时，母雏的体重、胸骨长、胫长的整齐度应达到 55%～60%；公雏胫长的整齐度应达到 55%。要实现这一目标，就要每周随机抽样 20% 的母雏和 10% 的公雏进行称重，计算出平均重并与该品种推荐的标准对照，以此来改进饲养管理方法或调整日粮配比。肉用种雏 1～3 周龄时任其自由采食，第 4 周开始就要进行限制饲喂。国外对一些高产大胸肉用种鸡第 2 周龄便开始限饲。肉用种雏育雏期的光照要求也与肉用仔鸡不同，肉用种雏采用开放或半开放鸡舍育雏，随着日龄的增加，光照时间和光照强度切不可逐渐增加。通常 1～3 日龄给光 23～24 小时，强度为 10～20 勒克斯，4～28 日龄采用自然光照。

二、育成期的饲养管理

（一）育成鸡生长发育的特点

肉用种鸡育成期一般指 7~20 周龄这一阶段，也就是雏鸡从脱温到性成熟前 2 周的时期。肉用种鸡育成期生长发育的主要特点是消化机能基本健全，采食量逐渐增加；骨骼、肌肉生长发育迅速，自身对钙质有一定的沉积能力；性器官开始发育，而且日益增快，尤其在育成后期极为明显；沉积脂肪能力强。因此，生长期如果饲养管理不当，鸡就容易过肥超重，导致其成年后产蛋少或交配能力差、性机能减退、腿部疾病增多、受精率降低。要解决肉用种鸡自身的特点与生产者要求其繁殖率高之间的严重矛盾，就只有通过提高饲养管理技术才能实现。

（二）育成期的限制

饲养现代肉用鸡品系在育种过程中特别注重早期增重速度和体重的选育，从而保证其优异的肉用性能，而且其繁殖能力也会随着体重过大和脂肪沉积过多而下降。采用限制饲养的方法，不仅保证了肉用种鸡优异的肉用性能，还提高了种鸡的繁殖能力和种用价值，而且又降低了饲料成本。限制饲养是肉用种鸡饲养管理中的核心技术，是指对肉用种鸡的饲料在量或质的方面采取某种程度的限制。肉用种鸡在育雏期的前 2~3 周一般让其充分采食，从第 4 周开始一直到产蛋结束都要实行限制饲养，以便控制生长速度，使种鸡的体重符合标准，并严格控制体重，控制母鸡适时开产。

1. 限制饲养的目的

（1）控制生长速度，使种鸡的体重符合标准　肉用种鸡的最大特点是采食量大、生长速度快、沉积脂肪能力强。作为肉用种母鸡，要求 20 周龄的体重一般控制在 2 千克左右，如果任其自由采食、自然生长，到 20 周龄体重可达 3.6 千克以上。体重过大的母鸡，产蛋

量明显减少，种蛋合格率下降；公鸡过重，则腿病易出现，配种困难，受精率低。

（2）控制母鸡适时开产　肉用种鸡一般在24周龄左右见蛋，25周龄左右产蛋率达5%，30周龄左右进入产蛋高峰较为理想。不限饲或限饲不当，鸡群会出现过早或过晚开产的现象。过早开产，则蛋重小且增加慢，产蛋高峰不高，并且持续期短，总的产蛋数少；过晚开产，蛋重虽大，但产蛋数量少，种蛋合格率低，不经济。正确的限饲可使鸡群在最适宜的周龄开产，开产日龄整齐，蛋重标准，产蛋率上升快，产蛋高峰持续时间长，全期产蛋多，种蛋的合格率高。

（3）降低鸡体内腹部脂肪沉积　限制饲养可以降低鸡体腹部脂肪沉积量的20%～30%。如果让肉用种鸡自由采食，育成后期或种用期就会因吃得过多而过肥，影响种用价值。

另外，实行限制饲养可节省饲料，降低饲养成本。

2. 限制饲养的方法　限制饲养主要有限质和限量两种方法。目前多采用限量法，即在保证饲料营养水平的基础上，通过限制喂料量（一般为正常喂量的70%左右）达到体重控制目标，并与光照控制相结合使鸡群适时开产。限量法的具体喂料方式主要有以下几种：

（1）每日饲喂　即在饲喂全价饲粮的基础上，减少每日饲喂量。每日限饲常将1天规定的饲料量在上午一次投给。这是一种较缓和的限饲方式，主要适用于由自由采食转入限饲的过渡期和育成期末到产蛋期结束。

（2）隔日喂料　将2天的规定料量放在1天投喂，另1天停喂。这种方法限饲强度大，在育成期不宜单独使用，一般只在增重速度比较难控制的7～11周龄或体重超出标准过高时使用。

（3）五、二限饲　指1周内5天喂料，2天停料。每个喂料日喂1周料量的1/5，停料日一般为不连续的2天。此法对鸡群的应激程度比隔日饲喂小，使用较为广泛，适用于育成期的大部分阶段。

（4）四、三限饲　1周内4天喂料，3天不喂，此法应激程度较隔日饲喂略小，且能按周进行，将停料日放在周日方便称重。

（5）综合限饲　生产实践中，对同一群鸡在不同的周龄，常分别采取上述某种限饲方式制定一个综合限饲程序，以取得更好的限饲效果。

限制饲养具体实施时，要查明出雏时间，根据称测的体重变化和鸡群数量，调整饲喂量。体重控制与饲料的用量有关，其原则是以种鸡周末体重为标准，根据每周周增重决定下周饲料的投放量。体重的控制与季节、饲料营养水平、棚舍设备等因素关系密切，应尽量接近标准，不能有太大的差距。

3. **肉种鸡的限水**　在正常的气温环境下，料与水之比为1∶2，但鸡只每次饮水后会停留在饮水器边上戏水，把垫料、棚架弄湿，使室内水分增加、湿度提高。当饲料和垫料潮湿后会引起霉变并产生氨气，危害鸡群健康，因此在限料的同时要限水。在喂料日每天供水4次，早上在喂料前半小时放水，一直到饲料吃光后1小时停水；第2次在上午10点；第3次在下午1点；第4次在熄灯前半小时。从第2次到第4次在饮水器供应充足的情况下，每次喂水时间在10~15分钟。在停料日第1次在开灯后喂水1小时，其余采用喂料日方法。在夏天高温情况下要灵活掌握。要注意不能等到棚架或垫料潮湿后再停止供水，要求饲养员根据鸡只吃水情况做适当调整，供水系统及饮水器的数量要有所保证，否则限水失败。

4. **限制饲养时鸡群的管理**

（1）分群　限饲前应按体重大小和体格强弱进行分群，将体重过小和体格软弱的鸡移出或淘汰。

（2）断喙　限饲时易发生啄癖，特别是有日光照射的开放式鸡舍，更易发生。因此，6~8日龄时应对肉用雏鸡进行断喙。

（3）定期称重　限饲的基本依据是体重，种鸡从限饲之日起（父母代肉鸡一般从3周龄起开始限饲），每周随机抽样称重1次，并计算

出平均体重，作为限饲的依据，开产后每月称重 1 次。育成期称重每栏应抽取 5%～10%，产蛋期抽测 2%～5%。称重的时间应固定在每周同一天的同一时间。每日限饲应在早上空腹称重，隔日限饲或五、二限饲一般安排在停料日称重。平养鸡群称重前，要先使每栏鸡只分布均匀，再用围栏每次围 50～60 只鸡，并将其全部逐只称重。做好记录后，计算平均体重和均匀度，并与标准体重比较。如体重超出标准，可暂停增加料量，维持原来的喂料量（不能减量），直到与标准体重一致后再增加料量。如果鸡的体重过轻，应适当增加料量。

（4）经常观察鸡群　限制饲养时要经常观察鸡群，注意观察鸡群的采食、饮水和健康状态。如鸡群患病或接种疫苗等，应暂时恢复自由采食。限饲时要保证每只鸡都有足够的采食和饮水位置。

（5）限饲与光照控制结合　体成熟和性成熟能否同步进行对育成期肉用种鸡极为重要。如果限饲与光照控制结合得好，就会通过光照的时间和强度调节开产日龄，使种鸡的性成熟和体重标准同步。如果限饲不与光照很好地结合，就会出现体重虽已达标但尚未开产，或体重低于标准但已开产的不同步现象。

（6）公母分群饲喂　有条件的种鸡场，雏鸡从 1 日龄开始公、母鸡即分栏或分舍饲养，分别控制限饲时间、喂料量和体重，提高公、母鸡群的均匀度，便于实现各自的培育目标。

5. 限饲效果的检查

（1）称测体重，检查鸡群整齐度　将每次称重的结果进行数学处理，计算抽样个体的平均体重和均匀度。平均体重越接近标准体重越好，但有些鸡群平均体重虽已达到标准，但个体之间差异很大，鸡群发育不整齐，说明限饲效果还是不理想。因此检查限饲效果还要重点检查鸡群的整齐程度。肉用种鸡育成期整齐度标准一般为 80% 左右，即有 80% 的鸡只的体重在平均体重的正负 10% 范围内。若鸡群的整齐度较高，则不仅说明限饲掌握得好，同时也可预测该鸡群的产蛋性能也会好。若鸡群整齐度较低，首先是调整鸡群，逐只称重，按体重分大、中、小三等，分别饲养；其次采取不同措施，对达不到标准体重的酌情增加饲养空间，减小密度。

整齐度的计算方法：以 8000 只的鸡群为例，按 5% 鸡数抽测，称取 400 只鸡，体重平均为 2000 克，在平均体重 ±10%（2000 ± 200 = 1800 ~ 2200 克）范围内有 346 只鸡，则 346 ÷ 400 × 100% = 86.5%，即鸡群的整齐度为 86.5%。

（2）检查开产日龄的一致性 鸡群产蛋率能够在规定的周龄（一般在 25 周龄左右）达到 50%，说明开产日龄一致。如果开产有早有迟，则说明限饲不当。

（三）加强种鸡的选择与淘汰

种鸡饲养的目的是培育出有经济价值的合格种鸡，必须经常对鸡只进行筛选，根据选留标准将鉴别误差的公鸡和母鸡、体形发育不好的公鸡、外伤的鸡只、体重太低或过高的鸡只以及羽毛杂色及过于瘦弱的鸡只淘汰。这样不仅能降低育成成本，控制好饲养环境，有利于群体生长、发育一致，而且能使技术人员对种鸡群的实际状况有正确的了解和判断。肉用种鸡的选择方法通常采用外貌选择法，分 3 次进行。

1.1 日龄时的选择 选择时，母雏绝大多数留下，只淘汰体形过小、瘦弱或畸形的个体。公雏选留那些活泼健壮的个体，现代鸡种选留公雏的数量通常为母雏的 17% ~ 20%。

2.6 ~ 7 周龄时的选择 此次选择比较重要，6 ~ 7 周龄时种鸡的体重与其后代仔鸡的体重呈较高的正相关度。选择的重点在于公鸡，将体重符合标准、胸部饱满、肌肉发育良好和腿粗壮结实的公鸡留下来，其数量为母鸡选留数的 12% ~ 13%。6 ~ 7 周龄时，公、母雏的外貌表现已经很明显，要将那些有外貌缺陷和体重小的个体淘汰掉。

3. 开产前的选择 转入种鸡舍，即开产前要进行第三次选择。这次淘汰数很少，只淘汰那些明显不合格，如发育差、畸形和因断喙不当而喙过短的鸡。公鸡按母鸡选留数的 11% ~ 12% 留下。若采用人工授精技术，则每 100 只母鸡选留 4 ~ 5 只公鸡。

三、产蛋期的饲养管理

（一）饲养方式

全垫料地面平养是传统饲养肉用种鸡的方式，由于饲养密度小、舍内易潮湿和窝外蛋较多等原因，现很少采用。目前普遍采用以下三种方式。

1. 漏缝地板平养　漏缝地板有木条、硬塑网和金属网等类型，它们高于地面约60厘米。金属网地板要用大量金属支撑材料，且平整安装较为困难。硬塑网平整，不易伤害鸡脚，也便于冲洗消毒，但成本较高。目前多采用木条或竹条的板条地板，其造价低，但应注意刨光表面和棱角，以防扎伤鸡爪。木（竹）条宽2.5~5.1厘米，间隙为2.5厘米，板条的走向应与鸡舍的长轴平行。

2. 混合地面平养　混合地面即漏缝地板与垫料相结合的地面，漏缝结构地面与垫料地面之比通常为6∶4或2∶1。舍内布局常是在中央部位铺放垫料，靠墙两侧安装木（竹）条地板，产蛋箱在木（竹）条地板的外缘，排向与鸡舍的长轴垂直，一端架在木条地板的边缘，一端悬吊在垫料地面的上方，这便于鸡只进出产蛋箱，也能减少占地面积。在漏缝结构的地面上均匀放置料槽和饮水器。种鸡在垫料上自然交配和运动，在漏缝隙结构的地面上采食、饮水和栖息。鸡排粪大部分在采食时进行，这样大部分粪便落到漏缝地板下面，使垫料少积粪和少沾水。这种方式将垫料和板条平养的优点结合起来，是一种典型的肉用种鸡管理方式，在肉用种鸡生产中被广泛采用。

3. 笼养　随着肉鸡业的发展，肉鸡的饲养量增加，肉用种鸡的笼养技术逐渐在生产中推广应用，且取得了良好的效果。肉用种鸡单笼饲养，采用人工授精技术，既提高了饲养密度，又能获得较高而稳定的受精率。

（二）产蛋种母鸡的饲养管理

1. 开产前期的饲养管理　育雏育成期良好的饲养管理，提供了优质的后备母鸡，为产蛋期获得高的生产性能打下了基础。要取得较高的产蛋率，开产前后这一段时间的管理是非常重要的。开产前后母鸡自身的生理变化极大，包括性成熟和体成熟的变化。因此我们必须采取有效措施，管理好鸡群，确保产蛋高峰的准时到来以及保证持久的高峰期。

（1）适时组群　18周龄左右在对种公鸡和种母鸡进行严格选择后，应及时组群。对公、母混群自然交配采用平面饲养的鸡群，按公、母正常比例提前4~5天将公鸡转入产蛋鸡舍，其目的是使公鸡先适应新环境，便于群序等级的建立，以防组群后相互啄斗而影响配种，然后再转入母鸡。20周龄时应组群结束。

（2）增加光照　育成期为了控制种鸡的性成熟，采取了限制光照的措施，但从18周龄左右开始要进行增光刺激，以便鸡群及时开产。实施增光刺激要注意与成熟体重一致起来，即如果鸡群出现体成熟推迟或性成熟提前时，应推迟1~2周进行增光刺激；如果鸡群性成熟和体成熟同步提前，则应提前增加光照刺激。

（3）更换饲料　进入预产期后，要将育成鸡料换成预产鸡料，预产鸡料要根据预产期种鸡的生理特点和以后的生产要求进行配制。其营养水平比育成鸡料要高得多，与产蛋鸡料接近（钙的含量略低），这样能改善种母鸡的营养状况，增加必要的营养贮备。在鸡的体重保持在建议范围的条件下，逐渐增加给料量，并改隔日喂料为五、二式喂料或每日喂料，但仍应控制进食量，以防体重增加过快。

（4）公母同栏分饲　种用期公鸡和母鸡在营养需要和采食量上有一定的差别，体重增加速度也不一致。公、母鸡混群后，鸡的采食速度加快，公鸡很容易比母鸡多吃饲料，导致体重超标，影响繁殖体况。因此，20周龄组群后即应实行公、母同栏分饲。方法是母鸡用料槽喂料，料槽上装有宽4.2~4.5厘米的栅格，使公鸡的头伸

不进去，而母鸡的头则能伸进采食；公鸡使用料桶，并将料桶吊起41~46厘米，以不让母鸡够着采食、公鸡立起脚能够采食为原则。

2. 产蛋期的合理饲喂　肉种鸡饲养至24~26周龄将陆续产蛋，即进入产蛋阶段。产蛋期内要按照种鸡产蛋率和体重的变化进行合理的饲喂，以便生产出尽可能多的合格种蛋。饲喂方法上注意喂料时料槽中饲料应分布均匀，料槽要经常清扫，特别是在梅雨季节和夏天，料槽中湿或脏的陈料喂料时必须去除，料槽中不得有霉变现象，更不能喂霉变饲料。饲料在料槽中不能加得太满，否则会被鸡撒落而浪费饲料。饮水必须是清洁、新鲜的，饮水器或水槽要每天清洗，乳头式饮水器要经常逐个检查，否则会因有饮水器不出水等原因而使鸡饮不到水，进而影响产蛋，甚至造成鸡死亡。喂料量上应根据产蛋量的变化灵活掌握。

（1）产蛋上升期饲料量的增加　肉用种鸡的产蛋上升期是指从产蛋率5%至产蛋高峰前这一段时期。随着鸡群产蛋率逐渐上升，加上体重的持续增长，鸡群对营养的需要量也在不断增加。按照产蛋率的变化调整鸡群的饲料供给量，是这一时期饲养工作的主要措施。一般从24周龄至27周龄种母鸡每周递增饲料量10~11克，种公鸡递增8~9克。增加料量要早于产蛋率的增长。正常情况下，料量增加合适，产蛋率以每天3%~5%的速度上升。

（2）产蛋高峰期饲料量的维持　产蛋上升期，当鸡群产蛋率达到35%~50%时，喂料量相应达到最高料量，此后鸡群会进入产蛋高峰。高峰达到后，继续维持最大料量可使产蛋高峰稳而不降或稍有下降，这时一定要注意不能将料量下调，因为高峰期蛋重还在增加，鸡的体重仍在增长，故应将最大料量维持8~9周。

（3）产蛋下降期饲料量的减少　产蛋高峰过后，种鸡的体重和蛋重增长非常缓慢，维持代谢也基本稳定。随着产蛋率下降，营养需要量也会减少。为了降低饲料成本和防止鸡体过肥，要减少饲喂量。一般产蛋率每周下降1%，在正常下降4%~5%时就减少料量。

父母代肉用种鸡一般在 43~45 周龄时开始减料，第 1 周每只减少 2~3 克，第 2 周减少 0.5~1 克，若产蛋率无明显变化，则仍按原来速度继续减下去；若产蛋率下降速度超过每周 1%，则应停止减料。具体执行时，如每周以 0.5 克的标准减少料量，则持续下去；如每周以 1 克的标准减少料量，则应减 1 周后停减 1 周。55 周龄左右开始稳定给料量至鸡群淘汰，全程减料量为高峰料量的 15% 左右。

3. 产蛋期的日常管理

（1）环境控制　为产蛋鸡提供最适宜的产蛋环境，首先要有一个良好的鸡舍。鸡舍必须使产蛋鸡免受日常气温变化的影响，因为温度偏离最适温度范围时，产蛋将会受到影响。产蛋阶段的最佳温度为 15~20℃，应避免一日内温度波动太大。鸡舍内理想的相对湿度为 60%~70%。通风使鸡舍的空气环境良好，一般通过排风扇通风，在炎热的季节往鸡舍内安装通风湿帘降温系统，可提高产蛋量并降低鸡的死亡率。在冬季气温很低时，既要做到保温，又要做好通风，以便提供新鲜空气，排出废气，防止呼吸系统疾病。

（2）观察鸡群　在清晨鸡舍内开灯后，观察鸡群精神状态和粪便情况；若发现病弱鸡和异常鸡，应及时挑出隔离或淘汰。夜间闭灯后倾听鸡有无呼吸道疾病的异常声音，特别是在冬天，由于通风不良，易造成呼吸道疾病，因此可及时调整通风；如发现有呼噜、咳嗽等，有必要及时隔离、淘汰，防止扩大蔓延。观察舍温的变化幅度，尤其是冬、夏季节要经常看温度并做好记录，还要查看通风饮水系统及光照等，发现问题及时解决。喂料和给水时，要观察料槽水槽是否适应鸡的采食和饮水。观察有无啄癖鸡，若发现应及时挑出，并用紫药水将血色涂掉或及时淘汰。

（3）做好生产记录　要管理好鸡群，就必须做好鸡群的生产记录，因为生产记录反映了鸡群的实际生产动态和日常活动的各种情况，通过它可以及时了解生产、指导生产。生产记录也是考核经营管理效果的重要根据。日常管理中对某些项目如入舍鸡数、圈存数、死亡数、产

蛋量、产蛋率、耗料、体重、蛋重、舍温、防疫等都须认真记录。

（4）强化舍内外的卫生消毒工作　在产蛋阶段，正常的免疫工作已基本结束，有条件的，应进行定期的抗体水平监测。在整个产蛋阶段必须时刻注意卫生消毒工作。工作人员进入鸡舍之前，必须穿清洁消毒的工作服，脚踩消毒池，手也要清洗消毒。要经常洗刷料槽、饲喂工具，鸡舍内保持整齐、清洁，鸡舍内的走道、墙壁及鸡舍空气必须定期消毒。鸡舍外环境也要定期消毒，一般情况下，禁止外来人员进入生产区。注意死鸡的处理，死鸡应深埋或焚烧。病弱鸡及时淘汰，防止疾病的感染扩散。

（5）产蛋量异常的原因分析　在饲养管理正常的情况下，整个产蛋期鸡群的产蛋很有规律性。如果发现产蛋量异常下降，要找出原因，及时采取措施，以免造成更多的损失。常见的原因有：日粮中的成分发生明显变化，如日粮的饲料组成品种突然改变，又如饲料中加入了很高比例的棉籽饼，另外还有饲料霉变等；供水系统发生障碍，造成长时间供水不足或缺水；饲养员或作业操作程序发生较大的变动；鸡群受突然声响的刺激，受人或动物的干扰而受惊；光照程序或光照强度的突然变化，如晚上忘记开、关灯等；接种疫苗和饲喂药物不当，引起副作用；鸡群患病，如非典型新城疫、传染性支气管炎及减蛋综合征等。

第五章

蛋鸡生产

第一节 蛋鸡的育雏与育成 >>>

一、蛋鸡的育雏技术

蛋鸡的育雏期是指从小鸡出壳到脱温前需要人工给温的阶段，一般为 0~6 周龄。雏鸡生长发育的好坏直接关系到育成鸡的整齐度和合格率，从而影响母鸡的生产性能。可以说，育雏是整个蛋鸡生产周期的关键阶段。育雏应了解雏鸡的生理特点，并根据其特点，采取相应的技术措施，创造一系列有利于雏鸡生长发育的环境条件。

（一）雏鸡的生理特点

1. 体温调节机能不完善 刚出壳的雏鸡神经系统发育不健全，缺乏体温调节能力，体温要比正常鸡低 2~3℃，3 日龄后逐渐上升，约在 10 日龄时体温与成鸡相同，3 周龄以后体温调节机能才趋于完善。刚出壳的雏鸡全身着生的是绒毛，缺乏御寒保温能力，既怕冷又怕热，对温度反应敏感。因此，在育雏时要严格掌握好育雏温度。

2. 生长发育快 刚出壳的雏鸡生长发育快，代谢旺盛。饲养时要特别注意饲料中营养物质的供给，尤其应注意蛋白质、维生素及矿物质元素的供给，以满足雏鸡快速生长的需要。同时还要注意合理通风，为雏鸡创造良好的空气环境。

3. 消化系统不健全 雏鸡消化系统发育不健全，胃肠容积小，消化能力差，但生长速度又很快。因此要喂给营养全面、易于消化吸收的饲料，并且要适当增加喂料次数。

4. 对外界环境反应敏感　雏鸡胆小，易受惊吓，应保持育雏舍环境安静，严禁陌生人进入。

5. 自卫能力差　雏鸡对鼠类及其他肉食性野生及家养动物的侵害无法自我防御，应做好防害工作。

6. 抗病力差　雏鸡在刚出壳的头几周免疫机能较差，产生的抗体较少，母源抗体也逐渐衰减，较易患病。因此，要做好雏鸡的防病工作。

（二）育雏前的准备工作

1. 制订育雏计划　育雏前必须制订完整周密的育雏计划。育雏计划包括饲养的品种、育雏时间、育雏数量、饲料购置、免疫与预防投药等。

2. 选定饲养人员　育雏工作是一项艰苦而细致的工作，必须选用有高度责任心和事业心的饲养人员。饲养人员应勤于钻研饲养业务知识，不断吸收和应用新技术，提高饲养和经营水平，确保雏鸡正常生长发育。

3. 育雏舍（室）和育雏器具的准备和消毒　育雏舍（室）要求保温、通风换气良好，地面干燥，室内光线充足。食槽、饮水器等育雏器具在使用前要彻底检修，不能有损坏，确保物品充足。另外，还要准备好贮料器、燃料、照明灯等。育雏舍和育雏器具在使用前要进行彻底的清洗和消毒。育雏舍的地面、墙壁，应先用水冲洗干净，地面可以铺一层生石灰，墙壁先用1%~2%克辽林消毒，再用10%生石灰乳粉刷。育雏所用器具可用消毒药液（如0.1%新洁尔灭、0.3%过氧乙酸等）消毒，再用清水冲洗后放在日光下晒干备用。对患过传染病的场区，应使用甲醛溶液熏蒸消毒。

4. 饲料、垫料、药品的准备　育雏前必须按根据雏鸡的饲养标准拟订的日粮配方预先备好饲料。垫料可选用铡成10厘米左右长

的无霉变的干稻草或稻壳、锯木屑等，垫料的厚度应视育雏季节、空气温度及其他情况而定，一般为 10~15 厘米。垫料要在对鸡舍熏蒸消毒前铺好，以便同时对鸡舍和垫料进行消毒。育雏前还要适当准备一些常用药品，如消毒药类，抗白痢、球虫药物，防疫用的疫苗等。在雏鸡进舍前 2 小时应把含 5% 葡萄糖、0.1% 维生素 C 和每只鸡 2000 单位青霉素、5000 单位链霉素的饮水装于饮水器内，并将饮水器均匀放置好。饮水器的位置与食槽的距离不应超过 50 厘米。

5. 预热试温　无论采用何种育雏方式，在育雏前 2~3 天都要做好育雏舍和育雏器具的预热试温工作，使其达到要求，并检查能否恒温，以便及时调整。

（三）雏鸡的选择与运输

1. 雏鸡的选择　选择健康的雏鸡是提高成活率、培育优良种鸡和高产蛋鸡的关键。雏鸡应来自健康而高产的种鸡及卫生和技术管理严格的孵化厂，而且孵化设备的质量要好。应从孵化率高的批次中选择雏鸡，雏鸡出壳的时间要正常。可以采用"一看、二摸、三听"的方法鉴别雏鸡是否健康。"一看"就是看雏鸡的精神状态。强雏一般活泼好动，眼大有神，绒毛长短稀密适度、有光泽、无杂物黏着，卵黄吸收良好；弱雏一般缩头闭眼，绒毛蓬乱不洁，腹大且松弛，脐口愈合不良、带血。"二摸"就是摸雏鸡的膘情、骨的发育情况和体温。强雏握在手中感到温暖、有膘、体态匀称、有弹性、挣扎有力；弱雏手感身凉、瘦小、轻飘、挣扎无力。"三听"就是听雏鸡的叫声。强雏叫声洪亮清脆；弱雏叫声微弱、嘶哑，或鸣叫不休，有气无力。

2. 雏鸡的运输　雏鸡的运输也是一项十分重要的工作，不容忽视。雏鸡经鉴别、挑选和接种马立克病疫苗后就可装箱运输，最好能在 24 小时内到达目的地，时间过长对雏鸡的生长发育有较大影响。装雏要用专门的运雏盒，运雏盒四周与顶盖开有通风孔，盒内有隔板，内分四格，每格装雏鸡 25 只，一盒 100 只。装雏后应在盒外侧标明品种（系）、鸡数、性别等项目。运输雏鸡常用的工具有汽车、火车、飞机等，不论使用何种运输工具，运输过程都要注意做好鸡群的防寒、防热、防缺氧、防淋、防颠等工作，运输过程中要定时检查雏鸡状态。

（四）育雏方式

育雏方式大致可以分为平面育雏和立体育雏两种方式。

1. 平面育雏　平面育雏是指把雏鸡饲养在铺有垫料的地面上，或饲养在具有一定高度的单层网面上。养在地面上的称为地面育雏；养在网上的称为网上育雏。

（1）地面育雏　地面育雏适用于小规模养鸡场（户）。育雏时，要在已经消毒的地面上铺撒垫料。常用的垫料有稻草、麦秸、稻壳、锯木等。垫料可以经常更换，也可以采用厚垫料，待到雏鸡转群后一次清除。育雏舍内地面上要设置料槽或料桶、水槽或专用饮水器、加热供温设备等。地面育雏简单易行，管理方便，但需要注意的是，雏鸡与粪便经常接触，易感染球虫病等疾病。再者，地面育雏占地面积大，房舍利用不经济，耗费垫料较多。

（2）网上育雏　网上育雏即利用网面代替地面，可以采用铁丝网、塑料网、木板条等制作网面。一般网面距离地面的高度为50～60厘米，网眼可取1.25厘米×1.25厘米。网上育雏，由于粪便直接由网眼漏下，雏鸡不与粪便直接接触，减少了病原再污染的可能性，对于防止球虫病、雏鸡白痢等疾病极为有利。但它投资较大，对饲养管理技术要求较高，特别是对饲料营养成分要求全面，否则雏鸡易患营养缺乏症。育雏舍内还要注意通风，以便排出由于粪便堆积而产生的有害气体。

（3）平面育雏的主要供温方式

地下火道供温：在育雏室的一端设火炉，另一端设烟囱，室内地下有数条火道将两者连接。烧火后热空气经过地下火道从烟囱排出，从而使室内地面及靠近地面的空气温度升高。这种供温方法适

用于各种育雏方式。

保温伞供温：在伞形罩的下面安装电热板（或丝），并安装控温器用于调节伞下温度。保温伞可以悬吊在房梁上，以便调节其离地面的高度，也可以直接放在地面上。保温伞伞下的温度高，周围略低，稍远处温度明显低于伞下，这样的温差有利于雏鸡选择合适的温度。保温伞供温适用于地面育雏和网上育雏两种方式。

红外线灯供温：利用红外线灯发射的红外线使其周围环境温度升高。红外线灯供温需与火炉或地下火道供温方法结合使用，用吊绳把红外线灯悬挂于育雏舍内，灯泡离地面的高度可用吊绳调节，冬季为 35 厘米左右，夏季为 45 厘米左右。一个功率为 250 瓦的灯泡，可供 100~250 只雏鸡供温用。

火炉供温：育雏舍内燃有火炉，用管道将煤烟排出室外，以免室内积聚有害气体。但火炉供温舍内较脏，空气质量较差。

热风炉供温：火炉设在房舍一端，经过加热的空气通过管道上的小孔散发进入舍内，空气温度可以自动控制。在较大规模的房舍中使用效果很好。

2. 立体育雏　立体育雏就是将雏鸡饲养在多层的育雏笼内。一般育雏笼为 3~5 层，以层叠式排列，雏鸡饲养在笼内各层上，笼底是铁丝网，鸡粪漏于接粪板上，定时清除。此法能有效地利用舍内空间和热源，但投资较大，设备质量要求稳定可靠。热源可用电热丝或热水管，也可在育雏室内设火炉或其他取暖设施。有条件时也可以采用电热育雏器育雏。育雏器共分 4 层，每层可培育雏鸡 200~300 只。热源为电热丝，设有温度调节和自动报警设施。用电热育雏器育雏，可以极大地降低劳动强度且雏鸡成活率高。

（五）雏鸡的饲养

1. 饮水　初生雏鸡接入育雏室后，第一次饮水称为初饮。雏鸡进入鸡舍后，休息片刻即可喂水，初饮时间过晚会造成体内水分消耗过多，不利于雏鸡的生长发育。初饮的水中可加1%葡萄糖或复合维生素，以补充营养，水温以18~24℃为宜。初生雏鸡一般不知道喝水，饲养员应对之加以诱导，即用手轻握雏鸡身体，食指轻按头顶，使喙进入水中，注意不要让水淹没鼻孔，稍停片刻，即可松开食指，雏鸡仰头将水咽下，经过个别诱导，鸡只会很快模仿，最终普遍饮水。合理的饮水管理有助于促进剩余卵黄的吸收和胎粪的排出，有利于增进食欲和对饲料的消化吸收。蛋用雏鸡的饮水量见表5-1。

表5-1　每日每只雏鸡的饮水量参考标准

周　龄	1	2	3	4	5	6
饮水量（毫升）	12~25	25~40	40~50	45~60	55~70	65~80

2. 喂饲　雏鸡接入育雏室后第一次喂料称为开食，一般在出壳后24~36小时进行。开食料要新鲜，易于啄食，营养丰富，易消化。一般大中型鸡场采用全价配合料，小型鸡场或专业户多采用七成熟的小米或玉米碎粒。为了便于雏鸡采食，可把开食料放在浅料盘上或者直接撒于塑料布或纸上，以后再逐渐过渡为其他饲槽或料桶。

开食料饲喂2~3天后，应逐步改用雏鸡配合料进行正常饲喂。饲喂应遵照"少给勤添"的原则，一般15日龄前每3小时饲喂1次，以后每3.5~4小时饲喂1次。饲料类型可采用碎粒料或干粉料，也可喂湿拌料。每次喂饲的饲料量不宜过多，以免在高温条件下残剩料变味、变质。湿拌料的加水量也要适宜，以手握成团而又无水滴出为宜。

（六）雏鸡的管理

1. 保持适宜的环境条件

（1）温度　保持适宜的温度是提高育雏效果的关键，它将直接影响到雏鸡的体温调节、运动、采食、饮水、休息、饲料的消化吸收以及腹中剩余卵黄的吸收等生理环节。育雏温度包括育雏器内的温度和室温。育雏器内的温度是指将温度计挂在育雏器边缘或热源附近，距离垫料5厘米处，相当于鸡背高度测得的温度；育雏室的温度是指将温度计挂在远离育雏器或者热源的墙上，高出地面1米处测得的温度。在生产中强调的是育雏器内的温度。育雏温度要求平稳，切忌忽高忽低。温度掌握得是否得当，温度计上温度的反映只是一种参考依据，重要的是要求饲养人员能"看鸡施温"，即通过观察雏鸡的表现，正确地控制育雏温度。温度适宜时，雏鸡采食、饮水后活泼爱动，休息时安静伏地而且伸颈，并均匀地分散在活动区内；温度偏高时，雏鸡远离热源，张口喘气，不断饮水；温度偏低时，雏鸡趋近热源相互聚拢，不断尖叫。整个育雏期内的温度应逐渐降低，详见表5-2。

表5-2　育雏温度（℃）

周　　龄	育雏器温度	室温
1	35~32	24
2	32~29	24~21
3	29~27	21~18
4	27~24	18~16
5	24~21	18~16
6	21~18	18~16

（2）湿度　育雏期内一般应考虑前期的增湿和后期的防潮。育雏头10天，要防止育雏室干燥，可向室内放置湿草捆、水盘，向地上洒水，使相对湿度控制在60%~65%，有利于雏鸡体内蛋黄的吸收，防止体内水分散发。10日龄以后，雏鸡饮水量大，排粪多，容易使育雏室潮湿，易患球虫病，因此要保持育雏室干燥，相对湿度控制在50%~60%。

（3）通风　换气雏鸡新陈代谢旺盛，呼出大量的二氧化碳，再者雏鸡消化机能差，粪便中尚有20%~25%未被利用的营养物质，在室内高温高湿的条件下，会产生大量的氨气和硫化氢，导致育雏室内产生刺鼻刺眼的气味，易使雏鸡患呼吸系统等方面的疾病，影响生长发育，也易发生啄癖。进行适当的通风换气才能保持室内空气清新，以利于雏鸡健康生长。

（4）光照　光照对鸡的活动、采食、饮水、繁殖等都有重要作用。光照管理制度的制定应根据鸡舍类型而定。密闭式鸡舍的光照时间，1~3日龄为23~24小时，4~14日龄为16~19小时，15日龄后逐渐转入育成期的光照管理制度。开放式鸡舍的光照时间应根据出雏的日期、季节、地理位置来制定。第一周光照时间基本上与密闭式鸡舍相同。从第二周起有以下两种方式：第一种为利用自然光照，在我国，在4月15日至9月1日孵出的雏鸡，其生长阶段的后半期处于日照逐渐缩短的时期，只要日照不超过10小时，可完全利用自然光照；第二种是人工光照与自然光照相结合，适用于9月1日到次年4月14日出雏的小鸡，供光原则是自然光照加人工光照的时间在雏鸡阶段稳定在12小时。刚孵出的雏鸡视力弱，为方便其活动、觅食、饮水，光照强度可强些，以后则将光照强度减弱。密闭式鸡舍和开放鸡舍人工光照的强度是：第一周为10勒克斯（相当于每15平方米吊一盏40瓦的灯泡，离地面2米高），从第二周开始改为5勒克斯（相当于每15平方米吊一盏25瓦的灯泡，离地面2米高）。

2. 调整饲养密度　饲养密度是指育雏室内每平方米地面或笼底面积所容纳的雏鸡数。密度与育雏室内空气卫生状况以及鸡群中恶癖的产生有着直接的关系。鸡群密度过大，舍内有害气体含量大，卫生环境差，易感染疾病；雏鸡吃食拥挤，抢水抢食，饥饱不均，生长发育缓慢，鸡群发育不整齐。鸡群密度过小，房舍及设备的利用率降低，人力增加，育雏成本提高，经济效益下降。蛋用雏鸡饲养密度可参照表5-3。调整饲养密度时可将体重偏大、

偏小者分别组成新群，并将病雏、弱雏单独组群，以便于管理。

表5-3　蛋用雏鸡饲养密度（只/米²）

周　龄	地面平养		立体笼养	
	轻型鸡	中型鸡	轻型鸡	中型鸡
0～2	35～30	30～26	60～50	55～45
3～4	28～20	25～18	45～35	40～30
5～6	16～12	15～12	30～25	25～20

3. 断喙　在雏鸡的饲养管理过程中，如有温度不适宜、通风不良、饲料配合不当等情况时，雏鸡会出现啄肛、啄羽、啄蛋、啄趾等啄癖。生产中应注意消除造成啄癖的因素，适时进行断喙处理，减少啄癖发生。此外，断喙还可减少饲料浪费。断喙的时间多在6～10日龄，一般使用专门的断喙器（有台式和脚踏式两种），接通电源后，当刀片呈现暗红色时即可进行断喙。断喙操作者右手握雏，拇指压在其头顶，食指放在咽下并稍向上顶使雏鸡舌头后缩，以防断去舌尖，选择适当的断喙机孔径，在离鼻孔约2毫米处切断，切断后进行烧灼，烧灼时切刀在喙切面四面滚动以压平嘴角，这样可防止喙外缘重新生长。理想的断喙效果为上喙切去1/2（自喙尖至两鼻孔连线间的长度）、下喙切去1/3，断喙后雏鸡的下喙略长于上喙。断喙前后各2天应在饲料中添加维生素K（5毫克/千克）以减少断喙后的出血，添加适量的抗生素和复合维生素以缓解应激。断喙后3天内可将槽内饲料多加些，以便于采食和减少因喙碰到槽底而引起鸡喙部疼痛。断喙前5天、断喙后3天内不宜进行免疫接种。健康状况不佳时可适当推迟断喙时间。

4. 定期抽样称重　抽样称重的目的在于了解雏鸡的生长发育情况，以便于及时调整饲养管理措施。据实际情况每周末或每隔1周的周末从鸡群内随机抽取1%～5%的个体逐只称重以了解实际体重发育情况。不同鸡种的体重标准也不同，表5-4反映了三个鸡

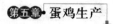

种的体重发育标准。将每次抽测体重的结果与该鸡种的标准体重相对照并做认真分析，保证全群良好的增重幅度和整齐度。

表5-4 几个鸡种母鸡的体重发育标准（克/只）

周龄	罗曼褐		海赛克斯褐		京白904	
	父母代	商品代	父母代	商品代	父母代	商品代
1	80	80	70	70	61	71
2	130	140	120	140	100	123
3	180	220	180	220	172	193
4	250	300	250	300	250	273
5	320	380	330	380	331	360
6	410	460	420	470	420	445

5. 搞好卫生防疫　雏鸡抗病力差，加之大群饲养，一旦发生疾病，就会出现传染快、死亡率高、损失大的情况，因此必须把育雏期的卫生防疫工作放在重要的位置。育雏应在严格的隔离条件下进行，育雏舍实行全进全出制，鸡转出舍后，要进行彻底消毒，并空舍2~3周，以切断病原微生物循环感染的路径。要制定严格的消毒制度，坚持经常带鸡消毒和育雏室周围环境消毒，使室内环境中的致病微生物的含量降至最低数。喂料和饮水器具也要定期清洗和消毒。

6. 笼养雏鸡的管理

（1）减少跑鸡　笼网破损、栅距偏大或网片固定不牢等都会使雏鸡从笼内跑出，跑到地面的雏鸡，其采食、饮水都受影响，免疫接种时也容易漏免，若室内地面卫生状况不良还易感染球虫病。因此应减少跑鸡，及时将地面雏鸡捉回笼内。

（2）防止卡伤雏鸡　笼网损坏或质量不佳时容易卡住或挂住雏鸡的脚、颈而造成损伤，甚至死亡。育雏前要认真检修笼具，

认真观察以便及时处理被卡住或挂住的雏鸡。

（3）适时使用料槽　笼养雏鸡5日龄前一般是在底网的垫纸上撒料喂饲，5日龄开始将雏鸡用的料槽挂在前网和侧网外，训练雏鸡在槽内采食，10~15日龄即可完全用料槽供料。

7. 垫料平养雏鸡的管理

（1）分圈饲养　以护网或护板隔挡成各自独立的小圈，每圈饲养数量以200~500只为宜，若用育雏保温伞供温时每个小圈内可放2~4个。

（2）减少饲料和饮水的污染　垫料地面饲养时雏鸡常踩入料盘、料槽及饮水器，容易把垫料、粪便混入料、水之中，造成料、水的污染。管理上应注意喂料时少喂勤添，定时清洗喂料及饮水用具，并将饮水器适当垫高。

（3）加强垫料管理　应保持垫料的干燥松软，定期加铺新垫料，饮水器周围如有潮湿的垫料要及时更换。

（4）防止雏鸡被踩压　饲养人员操作时要小心，以免踩伤雏鸡，同时应注意放料桶的位置有无雏鸡。注意防止围网、工具翻倒等。

8. 日常管理　育雏是一项十分操心的工作，日常管理工作必须细心对待。

（1）检查鸡群状态　主要看雏鸡的精神状况，以了解其健康表现。将病弱鸡及时隔离检查；检查采食量变化，若采食减少应分析其原因；听雏鸡的叫声，检查有无啄伤的雏鸡。

（2）检查设备　发现雏鸡跑出笼外时要细心查看是何处网片固定不好或破损；观察灯泡有无损坏，是否脏污，采光是否均匀，亮度是否合适；供温设备的温度控制是否恰当，有无损坏或其他需要维修的情况；料槽、饮水器数量是否充足，有无漏水、撒料、影响采食和饮水的现象。

（3）观察粪便　看粪便的稀稠、形状、颜色，以便了解饲料的质量、雏鸡消化系统的机能和健康状况。

（4）加强室内巡视　育雏人员应经常在室内巡视，以便及时发现和处理问题，特别应做好弱雏复壮工作。

（5）做好育雏记录　记录当日的雏鸡死淘数、耗料量、温度、卫生防疫工作、饲养管理措施的落实等内容，以便对育雏效果进行总结和分析。

二、育成鸡的饲养管理

雏鸡脱温以后至开产前（7~20周龄）是一个重要的生长发育阶段，处在这个阶段的鸡叫育成鸡。育成鸡培育的好坏，会直接影响鸡在性成熟后的体质、产蛋状况和种用价值，因此应重视育成鸡的饲养管理。

（一）育成鸡的生理特点

育成鸡处于生长迅速、发育旺盛的时期，机体各器官系统的机能基本健全；骨骼和肌肉的生长速度较快，机体对钙质的沉积能力有所提高；羽毛几经脱换，最终长出成羽。随着日龄的增加，脂肪沉积增多，易引起体躯过肥，从而对其后产蛋量和蛋壳质量产生较大影响。育成的中、后期，生殖系统开始发育至性成熟，在此时期，若饲养管理不当则容易过肥或早熟，直接影响今后的产蛋性能和种用价值。在育成鸡的日粮配合上，蛋白质水平不宜过高，含钙不宜过多。日粮蛋白质水平过高会加快鸡的性腺发育，使鸡早熟，然而鸡的骨骼不能充分发育，致使鸡的骨骼细、体形较小，开产时间虽有所提早，但蛋重偏小，产蛋持续性差，因而总产蛋量少。喂蛋白质水平较低的饲料，可以抑制性腺发育，并

保证骨骼充分发育。若喂以高钙饲料，则会降低母鸡体内保留钙的能力，到产蛋时就不能对钙有较好的利用效能，影响产蛋性能。

（二）育成期管理的注意事项

首先，前期是骨骼、肌肉、内脏生长的关键时期，一定要做好营养和其他各方面的管理，使鸡群的体重和骨骼都能按标准增长。前期的体重会决定其成年后骨骼和体形的大小。

其次，育成后期是腹腔脂肪增长发育的重要时期，这期间腹腔脂肪增长了9.5倍。由于体内脂肪沉积与生产性能成负相关，所以在育成后期，饲料中的能量不应过高。冬季鸡群食欲好时，要注意适当控制喂料量，避免脂肪沉积过多而影响生产性能的发挥。

再次，生殖系统从12周龄开始缓慢发育，18周龄时则迅速发育。为了满足这种生长需要，从16周之后，就应注意供给营养平衡的蛋白质，让小母鸡的卵巢能顺利发育，适时开产。对发育后期在夏季的鸡群需要特别注意，因为夏季耗料少，体重增长和卵巢发育也会因此受影响，从而使小母鸡开产推迟。

（三）光照管理与性成熟

不同季节培育的雏鸡性成熟日龄不一样，10月至次年2月引进的雏鸡由于生长后期处在日照时间逐渐延长的季节，容易早产；4月到8月引进的雏鸡由于生长后期日照时间逐渐缩短，鸡群容易推迟开产。鸡群过早或过晚开产都会严重影响经济效益。如果鸡体还没长成就被催促开产，就会使小母鸡采食的饲料不能满足各方面的营养需要，导致体重增长迟缓，蛋重也长期不见增大，脱肛和被啄肛的现象很多。由于鸡体质差，缺乏维持长期高产的体力，一般产蛋高峰维持的时间不长。同时，在产峰期鸡体负担沉重，抵抗力下降，容易感染各种疾病而使产蛋率不稳定或突然下降。开产过早的鸡群死淘率一般都要超过正常鸡群数倍，所以鸡群不是越早开产经济效益就越高。相反，如果到了该下蛋的日龄仍不开产，推迟一天就要多花一天的育成费用。要想有计划地让鸡群在适当的日龄开产，控制性成熟就成了育成鸡管理中的一个重点。现在的鸡群在150~160日龄开产较为合适，在技术经验不足的情况下，稍晚一点开产较为安全。对不同季节的育成鸡采取不同的光照程序，可以使鸡群都在适宜的日龄开产。一般原则上要求在育成期，特别是育成后期的2~3个月内，每天光照时数稳定或光照时间逐渐缩短。不同条件的鸡舍需采取不同的光照程序。

1. 能利用自然光照的开放鸡舍　对于4月至8月引进的雏鸡，由于育成后期的日照时间是逐渐缩短的，因此可以直接利用自然光照，育成期不必再加人工光照。

对于9月中旬至来年3月引进的雏鸡，由于育成后期日照时间逐渐延长，因此需要利用自然光照加人工光照的方法来防止其过早开产。具体方法有两种。一是光照时数保持稳定法，即查出该鸡群在20周龄时的自然日照时数，如是14小时，则从育雏开始就采用自然光照加人工补充光照的方法，一直保持每日光照14小时至20周龄，再按产蛋期的要求，逐渐延长光照时间。二是光照时间逐渐缩短法，即查出该鸡群20周龄时的日照时数，将此数再加上4小时，作为育雏开始时的光照时间。如20周龄时日照时数为13.5小时，则加上4小时后为17.5小时，在4周龄内保持这个光照时间不变，从4周龄开始每周减少15分钟的光照时间，到20周龄时的光照时间正好是日照时间，20周龄后再按产蛋期的要求，逐渐增加光照时间。

2. 密闭式鸡舍　密闭式鸡舍不透光，完全是利用人工光照来控制照明时间，光照的程序就比较简单。一般1周龄为22~23小时的光照，之后逐渐减少，至6~8周龄时降低到每天10小时左

右，从 18 周龄开始再按产蛋期的要求增加光照时间。

（四）体重与性成熟

同一品种的鸡，大致都在达到一定体重时开产，所以体重大的鸡先开产，体重小的鸡后开产。

鸡的体重大小大致在 12~15 周时已经定型，在这之后无论怎样努力，体重小的鸡都难以改变其在鸡群中体重小的状况。所以必须在育成前期注意鸡群的体重，及时分出体重小的鸡单独组群，给予优良待遇。体重小的鸡不仅开产晚，体质也差，一般产蛋也少。体重大的鸡易提前开产，过肥的鸡身体负担重，一般产蛋也不会持久，所以维持鸡群的正常体重（标准体重）具有重要意义。

（五）育成鸡的限制饲养

育成后期应采取限制饲养，特别是对于中型蛋鸡，目的是防止育成鸡在 12 周龄之后体内沉积过多脂肪，影响产蛋能力的发挥。是否采取限制饲养，明智的措施是每周抽测体重。寒冷季节气温低，鸡的热量损耗大，食欲比较好，不加控制就可能造成育成鸡过肥。目前市场上出售的饲料，为了降低成本，一些杂饼、粕的利用量较大，饲料的能量水平比较低，本身就已经起到限制饲养的作用了。所以一般情况下，饲喂量维持在鸡熄灯前能吃尽就可以了。

当然，最好还是根据每周称测的体重情况来调整饲喂量和饲料的营养水平。

（六）防止开产推迟的方法

实际生产中，5 月、6 月、7 月培育的雏鸡，容易出现开产推迟的现象。造成这种现象的原因大多是雏鸡在度夏期间采食的营养不足，体重落后于标准。

针对这些容易推迟开产的鸡群，在培育过程中可以采取以下措施。第一，育雏期夜间适当开灯补饲，使鸡的体重接近标准。第二，在体重没有达到标准之前持续用营养水平较高的育雏料。第三，在高温的夏季，鸡食欲不佳，为了达到一定的增长速度，可以提高饲料的能量水平和限制性氨基酸的水平。第四，适当提高育成后期饲料的营养水平，使育成鸡16周后的体重略高于标准。第五，在18周龄之前开始增加光照时间。

产蛋高峰在夏季的青年母鸡，因为天气炎热，采食量会受影响，摄入的营养难以满足需要。除了应当提高营养水平，还可以在育成后期稍超标准体重、多贮备营养，这有利于安全度过夏季的高温期。

第二节 蛋种鸡的饲养管理　　>>>

　　蛋种鸡是指担负繁殖任务的公鸡和母鸡，它们所产的蛋是用来孵育雏鸡的。做好蛋种鸡的饲养管理，不仅能充分发挥鸡的生产性能，而且所产种蛋受精率高，孵化率高，孵出的小鸡成活率高，因此，养好蛋种鸡是发展养鸡业的基础。

一、蛋种鸡的管理方式

（一）管理方式

　　1. 笼养　这是当前蛋种鸡生产中应用最普遍的饲养方式。种公鸡饲养于专用的公鸡笼内，种母鸡采用两层或三层阶梯式笼养。以人工授精的方式进行繁殖。

　　2. 混合地面平养　通常在鸡舍内两侧架设网床，床面多为硬塑栅条制成，床高70~80厘米。在鸡舍中间部分为铺有垫料的地面，垫料地面占舍内面积的40%左右。每隔一段距离设有木框式台阶，可供鸡只上、下网床。供水、供料系统都设在网床上面，产蛋箱的一端架在网床上，另一端吊挂在垫料地面上方。采用自然交配的繁殖方式。

（二）喂饮设备

　　每只轻型与中型蛋种鸡所需料槽宽度分别为11厘米与12厘米；如用带料盘的自动下料筒，料盘周径在157厘米者，则每个料筒可分别饲喂轻型与中型蛋种鸡30只与25只。每只轻型与中型蛋种鸡需用水槽尺寸均为3厘米。

二、蛋种鸡的饲养管理要点

（一）蛋种鸡的营养需要

蛋种鸡的营养需要与商品蛋鸡基本相同，为了提供合格种蛋和健康鸡群，必须重视搭配全价的日粮，保证各种营养成分供应充足。蛋种鸡在 18~24℃、中等体重、产蛋率为 70% 时，一般每天维持自身需要加产蛋，共需要能量 1.26~1.34 兆焦，夏季少一些，冬季增加 10%~20%。

种鸡的日粮中蛋白质含量不能太低，但也不能太高，一般为14%~17%。日粮中蛋白质含量应根据鸡的品种、年龄、体重、产蛋率和气候等具体条件来确定。另外，还要注意氨基酸的平衡，特别是赖氨酸、蛋氨酸含量不可缺少。实践证明，种鸡日粮中蛋白质含量太低（13% 以下）会引起氨基酸供应不平衡，不仅产蛋率下降，而且种蛋品质也会变差。相反，如果日粮中蛋白质含量太高，不仅浪费饲料，还会产生尿酸盐沉积，引起鸡痛风病等症，出现拉白色粪便，食欲减退，肾类、关节肿大等症。

矿物质饲料，特别是钙、磷的供应对种鸡十分重要。在种鸡的日粮中，通常加入 2% 的骨粉或 4%~5% 的蛋壳粉或贝壳粉等。种鸡日粮中的钙、磷比例以 5∶1 为宜。钙、磷代谢与维生素 D 有密切的关系，维生素 D 能促进钙、磷的吸收，因为它对小肠酸碱度有影响。维生素 D 缺乏时，即使给鸡丰富的钙、磷，也仍会产生软壳蛋或得脚软病。

（二）蛋种鸡生长期饲养管理要点

生长期（出壳后至 20 周龄）在环境条件要求和饲料营养水平控制方面与商品蛋鸡无明显差别。其他饲养管理措施如下：

1. 分群管理　作为蛋种鸡，一般有两个系或组合（父母代）或四个系（祖代），个别有三个系的。各个系的鸡群在遗传特点、生理特点、发育指标等方面有一定差异，应该按系分群进行管理。不同

的系，有的只饲养公鸡，有的只饲养母鸡，分群也有利于管理。

2. 剪冠、断喙、断趾

（1）剪冠　对于父本公鸡，在接入育雏室时应进行剪冠处理，其目的在于易和羽色相同的母本公鸡相区别，便于及时淘汰性别鉴定错误的鸡，也可减少公鸡笼养时冠的刮伤或平养时公鸡相互啄斗引起的损失。

剪冠可用手术剪，在贴近头部皮肤处将雏鸡的冠剪去，冠基剩余的越少越好。剪冠后用酒精或紫药水、碘酒进行消毒处理。注意不能剪破头皮。

（2）断喙　采用笼养方式时断喙要求与商品蛋鸡相同。若采用自然交配繁殖方式，母鸡断喙要求与前相同，但是公鸡上喙只能断去 1/3，成年后上、下喙基本平齐。公鸡喙部断去过多会影响交配过程。

（3）断趾　在 1～3 日龄期间对公鸡施行断趾，目的在于防止自然交配时刺伤母鸡背部或人工授精时抓伤工作人员。断趾时可使用断趾器或断喙器，将第一和第二趾从爪根处切去。

3. 选择淘汰　对公鸡和母鸡的选择淘汰应在 6～18 周龄前后进行，淘汰那些畸形、伤残、患病和毛色杂的个体。这两次选择时，留用的公鸡数占母鸡数的 12%～14%。对于采用人工授精繁殖方式的蛋种鸡，应在 22～23 周龄期间进行采精训练，根据精液质量，按每25 只母鸡留 1 只公鸡的比例选留公鸡。

4. 白痢净化　这是种鸡场必须进行的一项工作，可在 12 周龄和 18 周龄时分别进行全血平板凝集试验，在鸡群开产后每 10～15 周重复进行 1 次，淘汰阳性个体。要求种鸡群内白痢阳性率不能超过 0.5%。

5. 强化免疫　种鸡体内某种抗体水平的高低和群内抗体水平的整齐度会对其后代雏鸡的免疫效果产生直接影响。种鸡开产前，必须接种新支减三联苗、传染性法氏囊炎疫苗，必要时还要接种传染性脑脊髓炎疫苗等。

6. 公母混群　采用自然交配繁殖方式的种鸡群，在育成末期将公鸡先于母鸡 7～10 天转入成年鸡舍。公、母鸡配比一般为 1∶12～1∶13。

（三）蛋用种鸡繁殖期饲养管理要点

1. 保证营养的均衡与充足　与商品蛋鸡相比，种鸡饲料中某些维生素和微量元素的需要量要高出许多，见表5-5。种鸡饲料中的某些维生素和微量元素的含量对种蛋的受精率、孵化率和初生雏鸡的质量有着直接的影响。用常规的蛋鸡料喂饲蛋种鸡，常出现种蛋孵化效果不佳的问题。

表5-5　商品蛋鸡和蛋种鸡对某些营养需求的差别

营 养 素	商品蛋鸡	蛋 种 鸡
维生素A（国际单位/千克）	4000	4000
维生素E（毫克/千克）	5	10
维生素B_1（毫克/千克）	0.8	0.8
维生素B_2（毫克/千克）	2.2	3.8
维生素B_6（毫克/千克）	3	4.5
维生素B_{12}（毫克/千克）	0.003	0.003
泛酸（毫克/千克）	2.2	10
叶酸（毫克/千克）	0.25	0.35
生物素（微克/千克）	0.10	0.15
锰（毫克/千克）	25	30
锌（毫克/千克）	50	65
铁（毫克/千克）	50	80
碘（毫克/千克）	0.3	0.3

2. 日粮配制要求　为了减少因饲料污染而感染疾病的问题，目前多数种鸡场在配制饲料时都不使用鱼粉、肝渣等易被细菌污染的原料。种鸡日粮中棉仁粕和菜籽粕的用量也应严格控制，防止其毒素超标，对种蛋质量产生不良影响。

3. 保持合适的蛋重　蛋重过大、过小都不适合做种蛋，蛋重大小受鸡群开产时的体重、周龄阶段、饲料营养水平、气温等因素的

影响。生产上通过控制性成熟期和体重，以增加早期蛋重。在产蛋中后期，适当降低饲料能量（或亚油酸）水平和蛋白质（尤其是含硫氨基酸）含量或适当控制喂料量并补充贝壳粒，可使蛋重略减并保持良好的蛋壳品质。

4. 加强种蛋管理 种鸡群内每天集蛋比商品蛋鸡多1~2次，缩短种蛋在舍内放置的时间。集蛋后及时进行熏蒸消毒，然后转入蛋库存放。

（四）提高种蛋合格率及受精率

种蛋的受精率越高，入孵蛋的孵化率越高；反之则低。影响种蛋合格率和受精率的因素主要有饲养不当，母鸡体重偏大，公鸡过肥、不爱活动、行动迟缓、配种能力差、精液品质不良，公、母比例不当等。提高种蛋合格率和受精率，除实行正确的限制饲养，严格控制体重和精细管理，还可采取以下措施。

①选择优良的种公鸡。种公鸡的好坏将直接影响种蛋受精率的高低及其后代的生产性能。优良的种公鸡要求健康无病，体况发育良好，体形匀称，体重符合本品种要求，冠大、鲜红、直立、饱满，啼鸣声长而洪亮，背宽腰平，性活动力强。

②合理饲养，保持产蛋高峰。

③合理更新鸡群，提高新母鸡的比例。

④及时淘汰低产鸡和残废鸡。

⑤正确使用人工光照，促使母鸡多产蛋。

⑥适当增大公鸡比例，适时更换老龄公鸡。种公鸡一般利用1年即淘汰，因为其第二年各项生产性能都有下降。在孵化季节，母鸡群中的公鸡死亡及病弱鸡的淘汰，会使公、母比例下降，从而影响受精率。为了防止受精率下降，应淘汰那些丧失配种能力的公鸡，并及时补充新公鸡。新公鸡在天黑前1小时左右放入，并均匀分布于整个鸡舍。

⑦做好鸡群疾病防治工作，确保鸡群健康。

⑧采用人工授精技术。

⑨防止惊群，动作要轻，增加捡蛋次数。

第六章

鸡舍的建设与高效管理

第一节 鸡场建设 >>>

一、场址选择

专业户的规模养鸡场的建设，首先要根据养鸡场的性质和任务正确选择场址。所谓选址也就是在场址决定前对拟建场地做好自然条件和社会联系条件的调查研究。自然条件包括地势地形、水源水质、地质土壤和气候因素等方面。社会联系条件包括水电供应、交通条件、环境疫情、建筑条件、经济条件和社会风俗习惯等方面，并注意将来发展的可能性。农户家庭小批量养鸡也应在住宅周围选择适当的位置搭建鸡舍。

（一）地势地形选择

地势是指场地的高低起伏状况；地形是指场地的形状范围及地物（山岭、河流、道路、草地、树木、居民点）等的相对平面位置状况。鸡场的场址应选择在地势较高、干燥平坦、排水良好和背风向阳的地方。平原地区一般场地比较平坦、开阔，场址应选择在较周围地段稍高的地方，以利于排水。山区建场应选在稍平缓的山坡上，坡面向阳，鸡场总坡度不超过25%，建筑区坡度应在2.0%以内。山区建场还应注意地质构成情况，避免断层、滑坡、塌方的地段；也要避开坡底和谷地以及风口，以免受山洪和暴风雪的袭击。地形应开阔整齐，不要过于狭长或边角过多。场地面积既要宽敞够用，也要考虑鸡场未来的发展。

（二） 水源水质选择

首先要了解水源的情况，如地面水（河流、湖泊）的流量，汛期水位，地下水的初见水位和最高水位，含水层的层次、厚度和流向。水质情况需了解酸碱度、硬度、透明度，有无污染源和有害化学物质等。如有条件应提取水样做水质的物理、化学和生物污染等方面的化验分析。建鸡场必须有一个水质良好、水量充足的可靠水源，水量除能满足生产生活用水，还应考虑消防用水和鸡场未来发展的需要。

（三） 地质土壤选择

对场地施工地段地质状况的了解，主要是收集附近地质的勘察资料，以及地层的构造状况，如断层、陷落、塌方及地下泥沼地层。注意了解土层土壤对基础的耐压力，膨胀土的土层不能作为房舍的基础土层，它会导致基础裂断崩塌；回填土的地方土质松紧不均，选用这样的土层需要做好加固处理。

从防疫卫生的角度考虑，建设鸡场最好选择没有污染的沙壤土。当然，在一定地区内，由于客观条件的限制，选择最理想的土壤、土质是不容易的，这就需要在鸡舍的设计、施工、使用和其他日常管理上，设法弥补当地土壤的缺陷。规模较小、搭建简易鸡舍且采用离地饲养的鸡场，与土壤无直接关系，主要考虑是否便于排水，使场区雨后不致积水过久而造成泥泞的工作环境。

（四） 气候因素选择

我国幅员辽阔，各地气候条件差异很大。因此在鸡场场址选择和鸡舍修筑前，要对当地的气候情况有充分的了解和分析，并根据当地的气候特点进行合理的配置和施工，以提高养鸡的生产水平。例如，在炎热的地区，需要考虑通风、遮阳、隔热和降温；而在寒冷的地区则应注意保温、防寒等。

（五） 社会联系条件选择

鸡场场址的选择，必须遵循社会公共卫生准则，使鸡场不致成

为周围环境的污染源，同时也要注意不受周围环境的污染。因此，场址不要靠近城镇和居民区，鸡场与居民点的间距要在 500 米以上；当地主导风向的上风向不能有医院、兽医院、畜产品加工厂等污染企业，鸡场与污染企业的间距应不小于 1500 米；不要在交通要道旁建场，鸡场与主要公路的距离至少要在 500 米以上，但鸡场要有专门的道路与主干道相通。

鸡场的孵化、育雏、机械通风、补充光照以及工作人员的生活都需要有可靠的电力供应。为减少投资，场址应靠近输电线路，尽量缩短新线架设的距离。为防止因特殊情况引起停电，鸡场可采用双重电源供电或自备发电机组，以确保生产正常进行。

鸡场设置还要充分考虑排污问题，一定要安排好污水的排放方式和去向。鸡场的周围最好有农田、蔬菜地或果林场，这样可利用污水灌溉肥田。周围有鱼塘的还可以利用鸡场污水养鱼，有控制地将污水排向鱼塘，这样既能纳污，又能肥塘。不能进行废物利用的，一定要考虑污水处理后达标排放的方案，切不可随意将污水任意排放。

二、鸡舍建筑

（一）鸡舍的类型

鸡舍的类型很多，现将其适用范围及特点介绍如下。

1. 根据饲养方式和设备分类　鸡的饲养方式目前主要有全舍饲和半舍饲两种。全舍饲有地面平养、网养、网养与地面平养相结合以及笼养等多种形式；半舍饲一般多设置运动场或采用半放牧饲养。地面平养、半舍饲是我国农村传统的饲养方式，占地多，卫生条件差，不利于防疫和饲养机械化，但简单易行、生产成本低；全舍饲笼养、网养是养鸡业的发展趋势，占地少，能充分利用空间，便于管理和防疫，有利于实现机械化，但生产成本较高。投资者采用哪种饲养方式，必须根据人力、物力、资金、技术和自然情况等来决定。

2. 根据鸡舍墙壁的严密程度分类　鸡舍主要有棚舍、开放式或半开放式鸡舍、封闭式鸡舍三种类型。棚舍又叫敞棚，设计、施工简单，投资少，且具有较好的防暑效果，但不利于保温；封闭式鸡舍上有屋顶遮盖，四周有墙壁保护，通风换气依赖于门、窗和通风管道，舍内空气环境与舍外差异较大；开放式鸡舍指墙体正面敞开的鸡舍，半开放式鸡舍指三面有墙，正面上部敞开、下部有半截墙的鸡舍形式。开放式或半开放式鸡舍，防寒能力比棚舍强、比封闭式鸡舍弱，通风情况比封闭式鸡舍强而又不如棚舍。目前最先进的鸡舍形式是无窗鸡舍，即不设窗户的封闭式鸡舍，舍内的温度、湿度、气流、光照等全用人为的方法控制在适宜范围内。这种鸡舍的生产力水平和劳动效率均较高，但对技术、设备的要求也较高，投资较大。

3. 根据生产阶段分类　鸡舍分为育雏鸡舍、育成鸡舍、成年鸡舍（产蛋鸡舍、种鸡舍）等。育雏鸡舍主要饲养育雏期的小鸡，因此其结构特点主要是保温性能优良，通风、采光条件好；育成鸡舍是培育脱温后的幼年产蛋鸡或种鸡用的鸡舍，其结构特点是有较好的通风换气性能，能提供青年鸡足够的活动面积；成年鸡舍是饲养处于生产阶段的商品蛋鸡或种用鸡的，在此舍内饲养时间最长，鸡舍设计、建筑的特点是充分考虑了蛋鸡的产蛋、种鸡的配种和防疫消毒、饲养管理、光照管理等方面的要求。

（二）鸡舍建筑的基本要求

1. 具有良好的防热与防寒性能　鸡的个体小，新陈代谢旺盛，体温也比一般家畜高。因此，鸡舍建筑时要充分考虑其夏天的防热与冬天的防寒性能。加强鸡舍屋顶与墙壁等外围护结构的隔热设计，可以防止夏天高温与太阳辐射对舍内温度的影响；在北方寒冷地区，由于冬季气温低、持续时间长，要注意选择有利于保温的鸡舍形式，

如多层鸡舍等。

2. 具有良好的通风换气条件　不管多大规模的鸡舍，都必须保持舍内的空气新鲜，通风良好。由于鸡的新陈代谢旺盛，每千克体重所消耗的氧气量是其他动物的 2 倍，排出的二氧化碳、氨气及硫化氢等有害气体量也较多，所以必须加强鸡舍的通风设计。有窗鸡舍采用自然通风换气方式时，可利用窗户作为通风口。如鸡舍跨度较大，可在屋顶安装通风管，管下部安装通风控制闸门，通过调节窗户及闸门开启的大小来控制通风换气量。密闭式无窗鸡舍须用风机进行强制通风。在设计鸡舍时需按夏季最大通风量计算，一般每千克体重通风量在每小时 4~5 立方米，鸡体周围气流速度夏季以每秒 1~1.5 米、冬季以每秒 0.3~0.5 米为宜。

3. 保证充足的光照　光照分为自然光照和人工光照，自然光照主要对开放式鸡舍而言，充足的阳光照射，特别是在冬季，可使鸡舍温暖、干燥和消灭病原微生物等。因此，利用自然采光的鸡舍要选择好鸡舍的朝向。鸡舍以坐北朝南为宜，因为我国处于北半球，鸡舍方位朝南，冬季日光斜射，可以利用太阳辐射的温度效能和射入鸡舍内的光束获取一定的保温效果；夏季日光直射，太阳高度角大，直射光射入鸡舍并不多。鸡舍窗户面积的大小也要恰当，雏鸡舍窗户的有效面积（即窗玻璃的总面积，不包括窗框）与舍内地面的面积之比以 1：7~1：9 为宜；成鸡舍一般为 1：10~1：12。

4. 便于冲洗和消毒　为了有利于防疫消毒和冲洗鸡舍的污水排出，鸡舍内地面要比舍外地面高出 20~30 厘米，鸡舍周围应设排水沟，舍内最好做成水泥地面，四周墙壁离地面至少有 1 米的水泥墙裙。鸡舍的入口处应设消毒池。有窗鸡舍要安装铁丝网，以防止飞鸟、野兽进入鸡舍，引起鸡群应激和传播疾病。

（三）专业户养鸡常用的鸡舍类型

鸡舍类型多种多样，各地应因地制宜，根据所养鸡群的用途、生物学特性、生长或生产所需要的特殊要求等，在能够满足鸡的生理要求、并可进行高效生产的基础上，尽可能采用适合当地条件且造价较低的鸡舍建筑。现将常见的适于专业户养鸡的鸡舍建筑类型介绍如下。

1. **传统的砖木结构鸡舍** 这类鸡舍以实心黏土砖砌筑墙体，用木制或钢制梁架，用瓦或水泥预制板为屋顶，设或不设采光窗。设采光窗者多为自然光照辅助人工光照，自然通风；不设采光窗者多为人工光照，机械通风。这类鸡舍造价较高（图6-1、图6-2）。

图6-1 自然光照、自然通风鸡舍

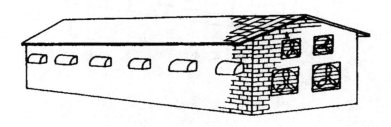

图6-2 人工光照、机械通风鸡舍

2. 卷帘开放式鸡舍　又称作开放型组合式自然通风鸡舍，其特点是纵墙只砌一半，上半截是专用的塑料卷帘。原设计是采用拼装组合式，各地在使用过程中，逐渐加以改良后使用砖砌墙（图6-3）。

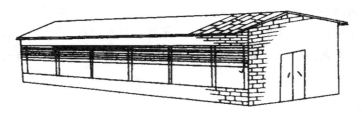

图6-3　卷帘开放式鸡舍

3. 棚架式鸡舍　20世纪80年代后期，蔬菜大棚被引入了鸡舍建筑。它是以钢管为骨架，覆以四层超强型塑料薄膜的大棚式鸡舍，这种鸡舍建筑工期大大缩短，且造价低。各地在使用过程中将骨架改为竹制，在顶上覆以稻草帘之类的保温材料，进一步降低了造价，增强了防暑抗寒效果（图6-4）。

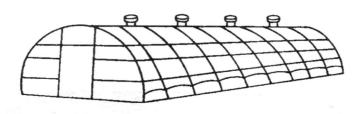

图6-4　棚架式鸡舍

4. 舍棚连接简易鸡舍　该鸡舍是将一般砖木结构的鸡舍与塑料棚连接组合而成（图6-5）。晚间鸡进舍休息，白天在棚内采食、饮水、活动。这种鸡舍结构简单，取材容易，投资少，比较有利于寒冷季节的防寒保温。小规模饲养肉仔鸡或肉种鸡的专业户可采用这种类型。

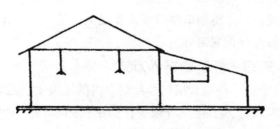

图6-5 舍棚连接简易鸡舍

5. 笼舍结合式塑料鸡棚 该鸡舍将简易鸡笼同鸡棚连接为一体，寒冷季节采用塑料布覆盖（图6-6）。它以角铁、钢筋混凝土预制柱或砖墩、木桩、竹竿等作为立柱和纵横支架，用竹片或铁丝网做成笼底，铁丝或小竹竿等做栏栅，栏栅外侧挂食槽、水槽。笼体双列，中间为人行道，便于饲养员操作。笼的上部架起双坡屋顶，以草和泥或石棉板覆盖，借以避雨遮阴。若要多养鸡，也可以垂直架设2~3层笼。当气温降到8℃以下时，将塑料布从整个鸡棚的

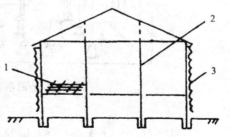

图6-6 笼舍结合式塑料鸡棚
1. 底网 2. 立柱 3. 外挂保温帘

顶部向下罩住以保温；当气温上升到18℃以上时，塑料布全部掀开；在温差较大的季节可以半闭半开或早晚闭白天开，以此调节气温和通风。

6. 利用旧房改建鸡舍 随着农村经济的快速发展，农民的居住条件不断改善，不少农户盖起新房后，将旧房用来养鸡。但是，多数旧的居住房地势偏低，北墙一般没有设置窗户，南墙的窗户又较小，光照和通风性能较差，故一般都要稍做改造。

地势较低的旧房的改造，可在房舍周围开挖排水沟，舍内用泥

土或煤渣、石灰渣等垫高，打上砼土。为了解决通风采光问题，可在北墙上开设窗户，将南墙窗户的面积增大，适当降低窗台的高度，同时可在墙脚处开设底窗。

（四）集约化养鸡的饲养方式

1. 地面平养 将鸡直接饲养在鸡舍内的地面上。这种方式对房舍建筑的要求较低，土建投资较少，但单位面积饲养量小，房舍利用率低，而且鸡在地面上直接与粪便接触，不利于疾病的预防。目前这种饲养方式主要用于肉用仔鸡的饲养，以及少部分蛋鸡的育雏期和育成期（图6-7）。

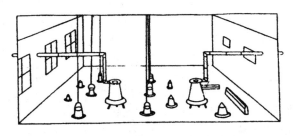

图6-7 地面平养雏鸡舍

2. 网（栅条）上平养 将鸡饲养在离地40~60厘米高的金属网或栅条上。在育雏阶段，网上可另铺一层细孔塑料网，以防止漏鸡。这种方式可大大减少鸡与粪便直接接触的机会，有利于预防疾病，但土建、设备投资高于地面平养。现多用于肉用仔鸡和蛋鸡的饲养（图6-8）。

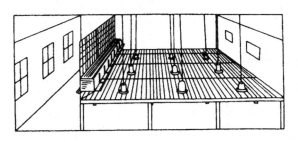

图6-8 网上平养产蛋鸡舍

3. 栅条与地面混合平养 这是一种地面平养与栅条平养相结合的饲养方式，通常将舍内地面的2/3设置金属网（或栅条），余下的1/3铺上垫料。这种"两高一低"的饲养方式多用于肉种鸡的饲养（图6-9）。

图6-9 "两高一低"平养肉种鸡舍

4. 笼式饲养 这是一种使用特制笼具，配以饮水、喂料设备的饲养方式。按鸡笼摆放方式的不同，将笼养分成重叠式笼养、阶梯式笼养和配种大笼饲养等笼养方式。单位面积饲养量大于平养式，房舍利用率较高，而且鸡粪落在笼外，减少了鸡与粪便接触的机会，有利于疾病的预防。但笼养对房舍建筑的要求较高，土建、笼具投资较大。重叠式笼养多用于育雏和肉用仔鸡的饲养（图6-10）；阶梯式笼养多用于蛋鸡育成期和产蛋期的饲养，也可用于人工授精种鸡的饲养（图6-11）；配种大笼饲养主要用于饲养自然交配的种鸡（图6-12）。

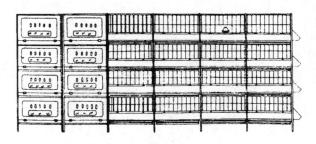

图6-10 四层重叠式育雏笼

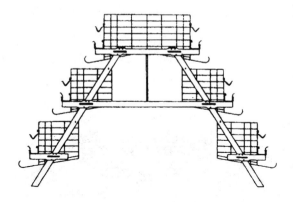

图 6-11　蛋鸡阶梯式笼

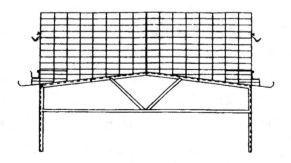

图 6-12　群养配种大笼

第二节 养鸡设备 >>>

一、饲养设备

（一）给料设备

1. 雏鸡喂料盘　主要供雏鸡开食及育雏早期（0~2周龄）使用。目前使用的雏鸡喂料盘有圆形和方形两种，每只喂料盘可供80~100只雏鸡使用。圆形雏鸡喂料盘如图6-13。

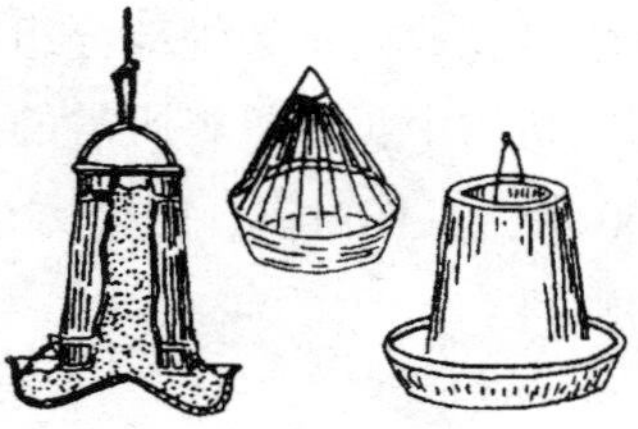

图6-13　圆形雏鸡喂料盘

2. 料桶　供2周龄以后的鸡使用。料桶由一个可以悬吊的无底圆桶和一个直径比桶略大些的浅圆盘组成，桶与盘之间用短链相连，短链可调节桶与盘之间的距离。圆桶内能放较多的饲料，饲料可通过圆桶下缘与底盘之间的间隙距离自动流进底盘内供鸡采食。目前市场上销售的料桶有4~10千克的多种规格。料桶适用于地面或网上平养，使用过程中，料桶应随着鸡龄的增长而提高悬挂的高度，一般要求料桶圆盘上缘的高度与鸡站立时的肩高相平。

3. 食槽　一般采用木板、镀锌板和硬塑料板等材料制作，笼养和平养均可使用。所有食槽边口都应向内弯曲，以防鸡采食时扒损饲料。另外，为了防止鸡只踏入槽内弄脏饲料，可在槽口上方安装一根能转动的木棍，也可用粗铁丝穿上竹管制成（图6-14）。

139

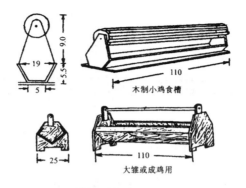

木制小鸡食槽

大雏或成鸡用

图6-14 普通自制食槽（单位：厘米）

4. 链式自动喂料机 由料槽、料箱、驱动器、链片、转角器、除尘器、料槽支架等部分组成（图6-15）。饲料从料箱中靠链条运到饲料槽中，每只鸡所需的槽位长10～12厘米。喂料最大长度可达300米，工作可靠，维修方便，使用性能良好，可用于平养和笼养鸡的喂料。

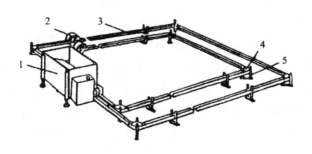

图6-15 9WL-42P 链式喂料机

1. 料箱 2. 清洁器 3. 长料槽 4. 转角器 5. 升降器

5. 行车式自动喂料机 是一种骑跨在鸡笼上的喂料车，主要用于笼养鸡舍。沿鸡笼上或旁边的轨道缓慢行走，将料箱中的饲料分送到各层食槽中，根据料箱的配置形式可分为顶料箱式和跨笼箱式。顶料箱式喂料机只有一个料桶，料箱底部装有搅龙，当喂料机工作时搅龙随之运转，将饲料推出料箱沿溜管均匀地流入食槽。跨笼料箱喂料机根据鸡笼形式配置，每列食槽上都跨设一个矩形小料箱，料箱下部锥形扁口通向食槽中，当沿鸡笼转动时，饲料便沿锥面下滑落入食槽中。

（二）供水饮水设备

1. 水箱 鸡场水源一般用自来水，其水压相对较大，采用普拉松自动饮水器、乳头式或杯式饮水器均需较低的水压，而且压力要控制在一定的范围内。这就需要在饮水管路前端设置减压装置，来实现自动降压和稳压的技术要求。水箱是最普遍使用的减压装置，采用无毒塑料或铝板、镀锌板等制成，其结构如图6-16所示。

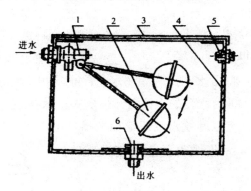

图6-16 水箱

1. 浮球阀 2. 浮子 3. 箱盖 4. 箱体 5. 溢水孔 6. 出水孔

水箱利用浮球阀来控制水面高度，浮子随水箱内水位的高度而升降，同时控制着进水阀门的开关，当水位达到预定高度时，自动关闭浮球阀，停止进水。水箱所置高度以使饮水器得到所需的水压为准。水箱底部应装设出水开关，便于经常清洗和排出水箱内的污

垢杂质。

2. 吊塔式饮水器 吊塔式饮水器又称普拉松自动饮水器，主要用于平养鸡舍。其结构包括阀体、饮水盘、防晃装置等（图6-17）。

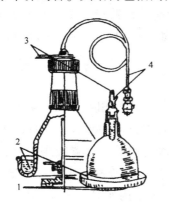

图6-17 吊塔式饮水器

1. 底盘密封盖 2. 饮水盘
3. 吊扣 4. 出水孔

饮水器通过绳索吊挂在天花板或固定的专用铁管上，顶端阀体上的进水孔用软管与主水管相连，进来的水通过控制阀门流入饮水盘供鸡饮用。饮水盘吊挂在阀体内的阀杆上，当水盘无水时，重量减轻，阀体内的弹簧克服饮水盘的重量，促使阀杆向上运动，从而将出水阀门打开，水从阀体下端沿饮水盘表面流入环形槽。当水面达到一定高度时，饮水盘重量增加，加大了弹簧拉力，使

阀杆向下运动，将出水阀门关闭，水就停止流出。为了防止鸡在活动中撞击饮水器而使水盘的水外溢，吊塔式饮水器配备了防晃装置。饮水器悬挂的高度以其饮水盘环形槽的槽口平面与鸡体的背部等高为宜，使用时可根据鸡群的生长情况随时调整。

3. 真空式饮水器 由水罐和饮水盘两部分组成（图6-18），主要用于平养的雏鸡。饮水盘上开一个出水口，使用时将水罐倒过来装水，再将饮水盘倒覆其上，扣紧后一起翻转过来放在地面或网上，水即从出水口流出直至淹没出水口为止。这时外界空气不能进入罐内，使罐内水面上方产生真空，水就不再流出。当鸡从饮水盘中饮去一部分

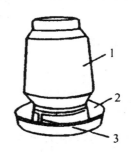

图6-18 真空式饮水器

1. 水罐 2. 饮水盘
3. 出水口

水后，盘内水面下降，当水面低于出水口时，外界空气又从出水口进入罐内，使罐内的真空度下降，水又自动流出，直到再次将出水口淹没为止。这样，饮水盘中始终能保持一定的水位。

4. 槽式饮水器 水槽式饮水器结构简单，可直接由自来水笼头供水，广泛用于笼养鸡的供水，平养中亦有应用，但要注意安装妥善，防止鸡跨越水槽，污染饮水。生产中多采用长流水式供水法（图6-19A），即将水槽上端的水龙头调节成稳定的小流量，下水端用溢流孔来控制水面的高度。在下水端还设有排水孔，以便清洗水槽和排出污水。这种方式水量浪费大，鸡在饮水时容易污染水质，增加了疾病传染的机会，故使用过程中应对水槽定期清洗和消毒。

生产中除了长流水式供水，还有采用浮子阀门式水槽供水的（图6-19B），即利用阀门机构来控制水槽内水面高度，水槽内达到这一水位时停止进水，低于这一水位时又重新开始进水。这种方式减少了水的流失量。

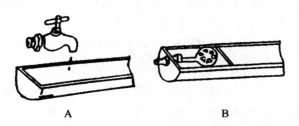

图6-19 槽式饮水器
A. 长流水式供水 B. 浮子阀门式供水

5. 乳头式饮水器 乳头式饮水器广泛应用于饲养2周龄以上鸡的笼养或平养鸡舍，其特点是适应鸡仰头饮水的习惯；全密封式水线能保持饮水的清洁卫生，减少了外界污染，可降低疾病的发生率；节约用水，其用水量只为长流水式供水的1/8左右。该设备主要是利用毛细管原理，使阀杆底部经常挂有一滴水，当鸡啄水滴时便触

动阀杆顶开阀门，水便自动流出供其饮用。平时则靠供水系统对阀体顶部的压力，使阀体紧压在阀座上防止漏水。乳头式饮水器有锥面、平面、球面密封型三大类（图6-20）。

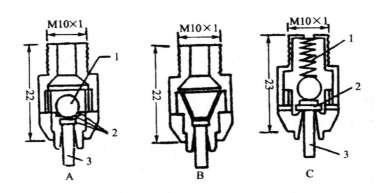

图6-20　乳头式饮水器（单位：毫米）

A. 乳头饮水器：1. 不锈钢隔水球　2. 三层密封　3. 360°不锈钢触头

B. 乳头饮水器

C. 乳头饮水器：1. 不锈钢弹簧　2. 耐磨橡胶　3. 360°不锈钢触头

6. 杯式饮水器　杯式饮水器形状像一个小水杯，由阀帽、挺杆、触发板、水杯体等部分组成（图6-21）。水杯与自来水管相连通，杯内有一触发板，平时触发板上存留一些水，当鸡啄触发板时，通过挺杆将阀门打开，水流入杯内。触板借助水的浮力恢复原位，水就不再流出。杯式饮水器供水可靠，不易漏水，用水量小，不易传染疾病，适用于笼养和平养的各种鸡舍。其主要缺点是鸡饮水时易将饲料残渣带进杯内，需要经常清洗，而且清洗比较麻烦。

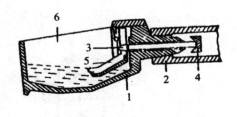

图6-21 杯式饮水器

1. 水杯体　2. 水管　3. 挺杆　4. 阀帽　5. 触发板　6. 水杯壁

二、环境控制设备

（一）采暖、保温设备

1. **煤炉**　常作为专业户小规模育雏或提高冬天鸡舍内温度的加温设备。煤炉可用铸铁或铁皮制成，也可用烤火炉改制。煤炉上设置炉管，炉管通向室外，通过炉管将煤烟及煤气排出室外，以免室内积聚有害气体，炉管在室外的开口要根据风向设置，以免经常迎风导致煤炉倒烟。在煤炉下部与上部炉管开口相对的位置设置一个进气孔和铁皮调节板，由调节板调节进气量以控制炉温，炉管的散热过程就是对室内空气的加温过程。煤炉的大小和数量应根据育雏室的大小与保温性能而定。一般保温良好的房舍，每15~20平方米采用一个家用煤炉就可以达到雏鸡所需要的温度了。此法简单易行，投资不大，但添煤、出灰比较麻烦，且室内较脏，空气质量不佳，尤应注意适当通风，防止煤气中毒。

2. **木屑炉**　这是利用木材加工废屑为原料燃烧加温育雏的一种方

式，其构造如图 6-22。目前广大养鸡专业户使用比较普遍。这种方式具有升温快、温度平稳、燃烧时间长、育雏成本低及育雏效果好等优点。一般一次装入锯木屑可燃烧 12 小时左右，每昼夜燃烧木屑 25 千克左右。

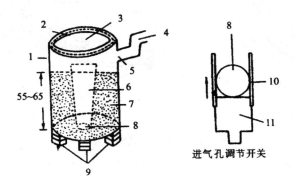

进气孔调节开关

图 6-22 木屑炉构造示意图（单位：厘米）

1. 油桶 2. 炉盖 3. 炉口 4. 出烟筒 5. 固定烟筒 6. 燃烧通道
7. 锯木屑 8. 进气出灰孔 9. 垫砖 10. 铁片槽 11. 铁片

3. **烟道（火炕）** 烟道分为地上烟道和地下烟道两种，常用于供电不正常地区育雏室的加温。烟道用砖或土坯建在育雏室内，炉灶一般砌在育雏室的北墙外，烟囱砌在育雏室的南墙外，烟囱高出屋顶 1 米以上。通过烟道把炉灶和烟囱连接起来，用煤或柴等燃料在炉灶内燃烧，把炉温导入烟道内，通过烟道散热提高室温。地上式是把烟道砌在地面上，操作不便，消毒也较困难，一般用于地下水位较高的地区。烟道上方最好设置保温棚，棚高 0.5~0.7 米，以便使局部温度提高，可供雏鸡在棚内取暖。地下式是把烟道埋在地面以下，便于操作，散热慢，保温时间长，耗燃料少，且热从地下往上升，地面和垫料暖和干燥，适合于雏鸡伏卧地面休息的习性，育雏效果较好。

4. **红外线灯** 在育雏室一定高度悬挂若干个红外线灯泡，利用红外线灯发出的热量育雏。开始时一般离地面 35~45 厘米，随着鸡龄增加，逐渐提高灯泡高度或逐渐减少灯泡数量，以逐渐降低温度。

一般一个功率为250瓦的灯泡，可为100~250只雏鸡供温。红外线灯育雏供温稳定，室内清洁，垫料干燥，雏鸡可以选择合适的温度，育雏效果较好。但是耗电量多，灯泡易损，成本较高，供电不稳定的地区不能使用。红外线灯育雏每盏灯泡的育雏数与室温高低有一定的关系，具体应用时可参考表6-1。

表6-1　250瓦红外线灯育雏数

室温（℃）	30	24	18	12	6
雏鸡数（只）	110	100	90	80	70

5. 保温伞　保温伞是一种用于地面或网上平养的局部供暖设备。由伞状罩和热源两部分组成，伞状罩常用铁皮或纤维板做成，内夹隔热材料，以利于保温。伞内设置热源，通过辐射传热方式为鸡群供暖。根据热源的不同，将保温伞分为电热式和燃气式两类。

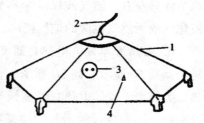

图6-23　上加温式保温伞

1. 伞状罩　2. 电源线
3. 调节器　4. 电热丝

（1）电热式　分为上加温式和下加温式。下加温式保温伞又称温床式保温伞，其电热件浇注在水泥里不能随意搬动。现在多采用上加温式保温伞（图6-23），它安装、使用方便，热源设在伞内中间的上方，采用远红外管（板）或电热管作为加温元件，向下辐射传热，为伞内雏鸡提供温暖的环境。伞顶部装有控温仪，可将伞下距地面5厘米处的温度控制在20~35℃，温度调节方便，适用于供电正常的地区。该设备的基本参数见表6-2。

表6-2　上加温式保温伞的基本参数

项目	伞口面积 （平方米）	育雏数 （只）	加热器功率 （瓦）	控温范围 （℃）	控温精确度 （℃）	使用电压 （伏）
参数	1.7~2.5	500	1000	20~40	±0.5	220

（2）燃气式　这种保温伞以燃烧供热，常用的燃料为天然气、液化石油气、沼气等。伞内温度自动调节，即通过调节燃气进气管上由两个胀缩饼组成的调节器控制流量，达到控温的目的。一般直径为2.1~2.4米的燃气式育雏伞，日耗液化气3.54千克，可容纳雏鸡700只左右。燃气式保温伞不如电热式方便，目前只是在有充足液化气或天然气供应的地区使用。

6. 电热育雏笼　电热育雏笼一般为四层，每层四个笼为一组，每个笼宽60厘米、高30厘米、长110厘米，笼内装有电热板或电热管为热源。立体电热育雏笼饲养雏鸡的密度，开始为每平方米70只左右，随着日龄的增长应逐渐减少饲养数量，到20日龄时为50只左右，夏季还应适当减少。

7. 热风炉　热风炉供暖系统主要由热风炉、送风风机、风机支架、电控箱、连接弯头、有孔风管等组成（图6-24）。热风炉有卧式和立式两种，是供暖系统中的主要设备。它以空气为介质，采用燃煤板式换热装置，送风升温快，热风出口温度为80~120℃，热效率达70%以上，比锅炉供热成本降低50%左右，使用方便、安全，是目前广泛使用的一种采暖系统。

当燃料（煤或柴油）点燃后，低温空气在安装于风管内的轴流风机的抽吸下，经由炉罩与炉壁间的夹缝通道经预热后进入炉心高温区，被加热到50℃左右后经弯管进入通风管（此时调节风门处于关闭位置），随后经过轴流风机进入有孔风管，并从各出风口以射流形式正压进入舍内，热空气与舍内空气充分混合，使得舍内热气流

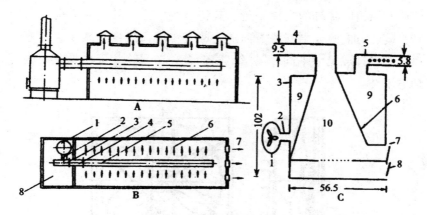

图 6-24　热风炉供暖原理图（单位：厘米）

A. 自然通风鸡舍安装图

B. 纵向通风鸡舍安装图：1. 热风炉　2. 调节风门　3. 引风机　4. 风管
5. 有孔风道　6. 畜禽舍　7. 排风机　8. 加热间

C. 热风炉纵断面示意图：1. 鼓风机　2. 进风口　3. 炉体　4. 排烟管
5. 热风管　6. 炉胆　7. 炉门　8. 供气及出渣口　9. 加热室　10. 燃烧室

分布比较均匀，烟气则从炉心与炉壁之间经烟囱排出舍外。调节炉底风门的开启度即可控制炉温的高低，从而调节鼓入舍内的热风温度。

为了满足供暖空间增湿的需要，有些热风炉七部设置了加湿水箱，打开阀门开关，水进入炉心，并被迅速汽化，然后随热风进入舍内，从而达到控温控湿的要求。一般 200 兆焦热风炉的供暖面积可达 500 平方米左右；400 兆焦热风炉的供暖面积可达 800～1000 平方米。

（二）通风设备

1. 风机　指鸡舍用来通风换气的通风机。鸡舍内一般选用节能、大直径、低转速的轴流式风机，它由机壳、托架、护网、百叶窗、叶轮和电机等组成（图 6-25）。这种风机所吸入和送出的空气

流向与风机叶片轴的方向平行。其特点主要是叶片旋转方向可以逆转，旋转方向改变则气流方向随之改变，而通风量不减少。轴流式风机已设计成尺寸不同、风量不同的多种型号，并可在鸡舍的任何地方安装。

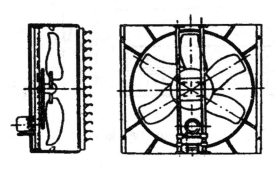

图 6-25　轴流式风机外形图

2. 电风扇　用于鸡舍通风的电风扇主要有吊扇和圆周扇，它们安装在顶棚或墙内侧壁上，将空气直接吹向鸡体，从而在鸡只附近增加气流速度，促进了蒸发散热。吊扇所产生的气流形式适合于鸡舍的空气循环，其气流直冲向地面，吹散了上下冷热空气的层次，与径向轴对称的地面气流还可以沿径向吹送到鸡只所处的每个位置。圆周扇的工作原理与吊扇相似，但圆周扇可以进行 360°旋转，形成的气流与自然风相近（图 6-26）。电风扇一般作为自然通风鸡舍的辅助设备，安装的位置与数量应视鸡舍的具体情况和饲养数量而定。

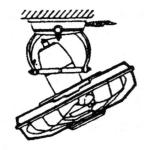

图 6-26　圆周扇示意图

3. 湿帘-风机降温系统　当室外空气温度过高时，仅靠风机加大通风量已难以维持鸡舍适宜的空气环境，此时需要将降温与通风相结合。湿帘-风机降温系统是目前生产中应用较多的一种降温系统。该系统由多孔湿帘、循环水系统、控制装置与节能风机等组成（图6-27）。湿帘采用特种高分子材料与木浆纤维分子空间交联，加入高吸水、强耐性材料胶结而成，具有较大的蒸发表面积；水循环系统包括水泵、供回水管、集水箱、喷水管和溢流管等，其作用是使湿帘均匀湿润，并保证一定的泄水量。

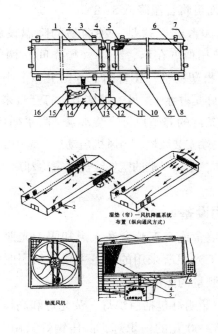

图6-27　湿帘-风机降温系统

A. 湿帘与水循环系统：1. 上盖　2. 中间侧盖　3. 压板　4. 上水管　5. 喷水管

6. 端部侧盖　7. 管堵　8. 接水槽　9. 湿帘　10. 调节阀　11. 水泵　12. 水箱

13. 回水箱　14. 排污阀　15. 浮球阀组　16. 进水管

B. 湿帘-风机降温设备及布置不意图：1. 湿帘　2. 风机　3. 湿帘框架

4. 湿帘设备　5. 水箱　6. 控制箱

湿帘-风机降温系统一般在封闭式鸡舍或卷帘式鸡舍内安装使用，它利用蒸发降温的原理，将湿帘和水循环系统安装在鸡舍一端的山墙或侧墙上，风机安装在另一端山墙或侧墙壁上。当风机启动向外抽风时，鸡舍内形成负压，迫使室外空气经过湿帘进入舍内，而当空气经过湿帘时由于湿帘上水的蒸发吸热作用，空气的温度降低，这样鸡舍内的热空气不断由风机抽出，经过湿帘过滤后的冷空气不断吸入，从而可将舍温降低5~8℃。

4. 水帘-风机系统 这是一种简易的降温设施，其原理与湿帘-通风降温系统相似。在鸡舍一端（操作间）两侧的窗户或门的上方，设置1~2根塑料管，在管的下方钻上多个小孔，水管的一端连接自来水（最好是井水），另一端堵上，打开自来水或井水时，水从小孔流出（有条件的养殖户可安装水泵，将水循环使用），形成水帘。在鸡舍的另一端安装风机，当风机启动后，舍内的热空气被抽出舍外，舍内形成负压，水帘一端的空气经过水帘冷却后进入舍内。此法可降低舍温2~3℃。

（三）照明设备

封闭式无窗鸡舍或有窗鸡舍在天黑和阴天光照不足时，都应进行人工光照。人工光照所采用的设备主要包括照明灯、光照控制器和用于光照强度测量的照度计等。

1. 照明灯 照明灯包括白炽灯、荧光灯和高压钠灯等，生产中使用最多的是15~60瓦的白炽灯，高压钠灯只用于高大的火鸡舍。白炽灯的灯头应采用防水灯头，以便冲洗。

2. 光照控制器 光照控制器用来自动启闭鸡舍内的照明灯，即利用定时器的多个时间段自编程序功能，实现精确控制鸡舍内的光照时间。有些定时器还辅有自动测光装置，天亮时自动关灯，阴雨天光线昏暗时自动开灯照明。有的还通过电压调整改变灯光亮度，使开关灯时有渐亮渐暗的过渡，既不惊吓鸡群，还可使灯泡的使用寿命延长。

3. 照度计 光照强度的大小通常用照度表示，照度即为照射在单位面积上的光通量，可用照度计测量。生产中常用的是光电池照度计（图6-28），使用时可参照生产厂商提供的说明书。

图6-28　照度计

三、其他设备

（一）产蛋箱

产蛋箱一般用木板（条）、塑料板或铁皮等制成，为地面平养或网上饲养产蛋鸡所用。可分为人工捡蛋的产蛋箱和自动集蛋产蛋箱。

1. 人工捡蛋的产蛋箱　这类产蛋箱一般分为上下两层，每层3~5格，每格为1个箱位，其高约30厘米、宽约30厘米、深约36厘米。每4~5只产蛋鸡提供1格（图6-29）。

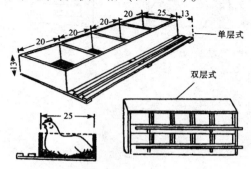

图6-29　人工捡蛋的产蛋箱（单位：厘米）

上层的踏板距离地面以不超过 60 厘米为宜，过高时鸡不易跳上，而且容易造成排卵时卵黄落入腹腔。产蛋箱的背面及两侧可用栅条形式，以保持产蛋箱内空气流通，也有利于散热。

2. 自动集蛋产蛋箱　这种产蛋箱的中间要设置蛋的传送带，鸡产完蛋后，蛋沿箱体底网以一定的角度滚至传送带，从而实现自动集蛋。在开产前，脚踏板可翻上来，以阻止新母鸡入内。

（二）断喙器

断喙器也称切嘴机，是种鸡场和商品蛋鸡场的专用工具。断喙的主要目的是预防啄癖和减少饲料浪费。

目前生产中使用比较方便的是电动断喙器（图 6-30）和手提式断喙器（图 6-31），刀片上有大、中、小三个孔。接通电源打开旋转开关（功率有 1～6 六个挡次），待刀片烧红后，将待切部分伸入切喙孔内，此时上下运动的切刀便将伸入部分切除。也有的断喙器刀片是固定的，待切部分伸入切喙孔后需上下动一动，以便将待切部分从灼热的刀片孔口边缘切去。饲养量不大的养鸡户或小型鸡场也可采用电烙铁或火烙铁烙喙。

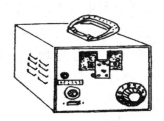

图 6-30　电动断喙器图

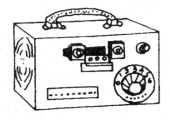

图 6-31　手提式断喙器

（三）孵化设备

鸡场需用的设备还包括笼具、清粪设备、冲洗消毒工具及运输工具等。

第七章
鸡常见疾病与防治

第一节 鸡传染性疾病 〉〉〉

一、鸡白痢

鸡白痢是由鸡白痢沙门菌引起的一种极常见的各种年龄鸡均可能感染的一种传染病。初生雏鸡的发病率和死亡率都很高，特别是2周龄以内的雏鸡死亡最多。病雏鸡以白痢为特征，成年鸡多为慢性局部感染，一般不表现明显的临床症状。

病原菌为卵圆形小杆菌，无荚膜，无芽孢，革兰染色阴性，为一种条件性致病菌，当机体抵抗力变弱时即可发病。它对外界抵抗力不强，高温和常规消毒药均可将其杀死。

（一）诊断

1. 流行特点　各品种鸡均有高度易感性，不同年龄的鸡发病率、死亡率差异明显。主要是2~3周龄的雏鸡呈现急性败血症，4~7周龄呈亚急性，随着日龄增加，鸡的抵抗力增强，成年鸡呈现隐性或慢性经过。

病鸡和带菌鸡是主要传染源。本病既可垂直传播也可水平传播。经卵垂直传播是最主要的传播方式，因种鸡为隐性带菌者，其所产的种蛋约有1/3带菌。带菌种蛋入孵后，有的在胚胎期死亡，有的孵出弱雏，有的出壳后雏鸡于10日内发生鸡白痢。水平传播主要是在孵化器内感染。病雏鸡胎粪、绒毛、蛋壳内的沙门菌经呼吸道和消化道传给其他雏鸡；也可能是病鸡和带菌鸡的排泄物含有大量病菌，污染了饲料、饮水、用具等，再经消化道传染；带菌的飞沫尘埃可经呼吸道吸入感染；也可通过带菌的公鸡交配而传给母鸡。被病鸡污染的孵化器和育雏器是初生雏鸡感染的重要传播媒介。

鸡舍通风不良、鸡群密度过大、饲料品质差、采食或饮水不足、环境卫生太差等削弱抵抗力的因素均能引起本病的发生。

2. 临床症状 通常分为败血型、白痢型、慢性型和隐性型。

（1）雏鸡 多发生败血型和白痢型。在卵内感染者，常出现死胚或不能出壳的弱雏；有的一出壳即死亡。一般在出壳后3~7天发病增多，开始死亡，7~15日龄为发病死亡高峰，2周龄后逐渐减少。最急性者，无症状迅速死亡，稍慢者病雏鸡表现为羽毛蓬松，怕冷挤堆，精神沉郁，呈打瞌睡状，尾翅下垂，食欲减少或拒食，渴欲增加，生长发育不良，呼吸困难而急促（其后腹部快速地一收一缩即呼吸困难的表现）。典型症状是粪便呈白色糨糊状，粘连于肛门周围，干后结成石灰样硬块堵塞肛门，俗称"糊腚眼"，因排粪困难而发出吱吱尖叫声。死亡率一般达50%~90%，3周龄以上死亡极少。

（2）成鸡 多无明显症状，常呈慢性型和隐性型。病菌主要寄生于卵巢或睾丸中。母鸡表现为卵巢机能下降，产蛋减少或停止，孵化率低，无精蛋和死胚蛋增加，偶见死亡。有的病鸡因卵黄性腹膜炎，呈现垂腹现象。公鸡表现为睾丸萎缩，使种蛋的受精率降低。

3. 剖检变化

（1）雏鸡 急性死亡雏鸡，常无明显病理变化。病程稍长者，可见肝肿大变性，呈淡白色至土黄色，表面布有砖红色条纹和白色或灰色针尖大的坏死点。肺和心肌表面有灰白色粟粒至黄豆大稍隆起的坏死结节，这种结节有时也见于脾、肌胃、小肠和盲肠的表面。心脏常有不规则凸起。有的盲肠内充满黄白色干酪样物阻塞肠管，

157

呈坚硬管状。卵黄不吸收，呈黄白色豆腐渣样。

（2）成鸡　母鸡表现为卵巢萎缩，卵泡变形、变色、变质而呈现畸形、多角状，并有肉柄连接在卵巢体上。有的皱缩松软成囊状，内容物呈油脂或豆渣样；有的变成紫黑色葡萄干样；个别卵泡破裂或脱落造成卵黄性腹膜炎。公鸡一侧或两侧睾丸萎缩，显著变小，输精管肿胀，其内充满黏稠渗出物乃至闭塞。其他较常见的病变有：心包膜增厚、心包腔积液、肝肿大质脆、卵黄性腹膜炎等。

4. 实验室诊断

（1）全血平板凝集试验　此法最常用。具体方法是：用滴管吸取经充分摇匀的诊断液（鸡白痢全血凝集反应抗原）1滴（约0.05毫升），放在洁净的载玻片上，随即从被检鸡冠部采血1滴（约0.05毫升），放于诊断液上，用牙签充分搅拌均匀，2分钟内判定结果。若出现明显的凝集颗粒或凝集块即为阳性；若不出现凝集或仅呈现微细的颗粒或临干前边缘处形成细絮状物等判为阴性；不易判断为阳性或阴性的，可判为可疑反应。此法的缺点是对雏鸡检出率低，有时还会出现假阳性与假阴性，因此要做血清对照。

（2）琼脂扩散试验　采鸡血清与琼扩抗原做琼脂扩散试验，若血清孔与抗原孔之间出现清晰沉淀线，即可判为阳性。此法对雏鸡与成鸡检出率都较高。

5. 鉴别诊断

（1）与鸡球虫病的区别　鸡球虫病一般侵害20～90日龄鸡，呈急性或慢性经过，且有血性下痢，小肠结节压片镜检可查出球虫卵囊。

（2）与鸡伤寒、副伤寒的区别　二者有时混合感染，只有对病原菌进行分离培养和鉴定才能区别。

（二）防治

1. 预防　消灭鸡白痢的根本方法是有计划地培育无白痢种鸡

群，检疫和淘汰阳性种鸡。种鸡第一次检疫在 140～150 日龄，连续检疫 3 次，每次间隔 30 天。以后每隔 3 个月检疫 1 次，直到两次均不出现阳性后改为 6 个月检疫 1 次。对孵出的种蛋、孵化器用甲醛溶液熏蒸消毒，每立方米用甲醛溶液 28 毫升熏蒸 20～30 分钟。同时对育雏室、孵化室、用具等进行卫生清洁及定期消毒，出壳雏鸡用 0.01% 高锰酸钾溶液饮水。

2. 治疗　因为病原菌长期应用某种药物进行预防和治疗容易产生耐药性，所以最好根据药敏试验选择高敏药物。推荐目前常用的几种药物，以下均为治疗量，预防量减半。

（1）氯霉素　每千克饲料拌入 1 克（片剂，0.25 克/片），连用 3～5 天。

（2）痢特灵　每千克饲料加 0.4 克，连用 5 天。注意控制剂量，充分混匀，防止中毒。

（3）土霉素　按每日 10～50 毫克（雏鸡每只每日 10 毫克）拌在饲料中喂服，连用 3～4 天。

（4）菌枝杀　每瓶加水 40 千克，连用 3～5 天。规格每瓶 100 毫升。

二、鸡伤寒

鸡伤寒是由鸡伤寒沙门菌引起的鸡的一种败血性传染病，主要发生于青年鸡和成年鸡，呈急性或慢性经过，死亡率中等或很高。本病若消毒不彻底，可在鸡舍长期潜伏，时隐时发，对产蛋鸡和种鸡场危害很大。

病原菌对热的抵抗力不强，70℃ 20 分钟、75℃ 10 分钟即被杀死。耐低温，10℃ 经 10 个月不死亡，在干燥的排泄物中可存活数年，常规消毒药均可将其杀死。

（一）诊断

1. 流行特点　各日龄的鸡都能发病，但主要发生于 3 周龄以上的青年鸡和成年鸡。3 周龄以下的雏鸡时有发生，除少部分急性死亡，多数以零星死亡为主，一直延续到成年期。

本病的传染源是病鸡和带菌鸡，其粪便含有大量病菌，污染土壤、饲料、饮水、用具、车辆及人员衣物等，不仅使同群鸡感染，而且广为散布。病死鸡尸体处理不当也会到处散布病原。感染途径主要为消化道，也可经眼结膜感染。本病能经蛋垂直传播。

本病一般呈散发性，鸡群中往往部分鸡感染或零星发生，很少全群暴发。

2. 临床症状　在日龄较大的鸡和成年鸡，潜伏期为 4~5 天，最急性型病鸡，无明显症状即迅速死亡。急性经过者表现为：体温升高至 43~44℃，呈现出精神委顿、离群缩颈、食欲废绝、嗜睡等一般病态。特征性症状是腹泻，排淡黄色至绿色稀粪，沾污肛门周围的羽毛；渴欲强烈，频频饮水；鸡冠变为暗红色，后期变为苍白萎缩。个别母鸡因卵泡破裂而引起卵黄性腹膜炎，后腹部胀大下垂。带菌器官主要是母鸡的卵巢。病鸡最后因消瘦、虚脱，急性经过 1~2 天，缓者 5~10 天即死亡。未死亡者多变为慢性带菌者，表现为不同程度的腹泻、消瘦，产蛋减少或停产，病程可持续数周，少数死亡。

雏鸡发病时，其症状与鸡白痢相似。

3. 剖检变化　最急性型病鸡死后剖检，常无明显病变。

急性、亚急性及慢性型病鸡的特征性病变为：肝脏肿大 3~4 倍，呈黄色或古铜色，表面常有灰白色坏死点；胆囊肿大，充满绿色油状胆汁；脾脏充血肿大 3 倍以上；肠道发炎，内容物呈淡黄绿色；心肌表面常有灰白色坏死点。母鸡卵巢中部分卵泡充血、出血、变色、变形、变质。

雏鸡发病时，可见心、肺、肌胃表面有灰白色坏死小点或结节，与白痢病相似。

4. 实验室诊断

（1）细菌分离 无菌采集病鸡肝、脾等内脏器官接种于 S. S 或麦康凯培养基上经 37℃ 24 小时培养，形成圆形、无色透明露滴状菌落。镜检及做生化反应可以鉴定。

（2）全血平板凝集试验 同鸡白痢。

以上化验均有助于本病的诊断。

5. 鉴别诊断 本病应注意与禽霍乱和鸡白痢相区别。

（1）与禽霍乱的区别 本病病程长，无全身出血变化，肝、胆、脾均肿大。禽霍乱有全身出血变化，尤其是十二指肠黏膜及各脏器广泛出血，脾不肿大；肝肿大，表面灰白色坏死点多而明显；16～17 周龄及以上鸡多发，死亡突然。

（2）与鸡白痢的区别 鸡白痢多发生于幼龄鸡，拉白色稀粪，脾、胆不肿大。本病多发生于 3 周龄以上的鸡，拉黄绿色稀粪，肝、脾、胆均肿大。

（二）防治

本病病原与鸡白痢病原同属沙门菌，防治方法基本相同。

1. 预防 我国目前已研制出弱菌苗，经试用具有一定的预防作用。对种鸡应进行严格的净化工作，建立无病种鸡群。

2. 治疗 有条件者可根据药敏试验选择高敏药物。目前常用下列药物：

（1）痢特灵 每千克饲料加 0.4 克，连用 5 天，之后药量减半，再用 5 天。

（2）氯霉素 每千克饲料加 0.1 克，连用 5 天。

三、禽副伤寒

禽副伤寒是由沙门菌引起的家禽、家畜和人的一种共患病。该病常呈地方性流行，各种家禽都能感染，主要发生于幼禽，多为急性或亚急性经过，成年禽往往不表现临床症状。对人的伤害主要是引起食物中毒。

病原菌型多，150多种，除鸡白痢、鸡伤寒沙门菌，其他沙门菌引起的禽病都称为禽副伤寒。常见的有鼠伤寒沙门菌、肠炎沙门菌、鸭沙门菌等十几种，它们的血清学特性相近，均为革兰阴性短小杆菌，无芽孢和荚膜，但都有鞭毛，能运动。病菌的抵抗力不强，大部分菌株在60~150分钟死亡，一般消毒药能很快杀死病菌。该菌在粪便和蛋壳上可保持活力达2年，在土壤中可存活半年以上。

（一）诊断

1. 流行特点　本病能感染各种家禽和野禽。家禽主要发生于幼龄鸡、鸭、鹅。

鸡副伤寒常发生于2周龄内。10~12日龄发病，死亡高峰在10~21日龄，死亡率为10%~20%，严重者高达80%以上。往后随着日龄增大，抵抗力增强，青年鸡与成年鸡很少发生急性感染，一般为慢性或隐性经过。

雏鸭、雏鹅容易感染本病，多发生于2周龄之内，死亡率高。

本病传染源为多种带菌动物，包括家禽、家畜、野禽和野生哺乳动物等。家禽能经蛋垂直传播，也可水平传播。消化道感染为主要传播途径，也可经呼吸道和眼结膜等感染。

2. 临床症状

（1）雏鸡　以急性败血症为主。带病出壳的雏鸡不久即死亡，无明显症状。这种病例多是种蛋污染或在孵化器内感染所致。出壳

10 天以上的雏鸡表现精神沉郁、怕冷、毛松、减食、口渴、腹泻和排水样稀粪，有的呼吸困难，常于 1～2 天死亡，死亡率为 10%～80%。随着日龄增加，病程延长者症状减轻，死亡率降低。本病与雏鸡白痢难以区分，只有通过细菌检测才能区别。

（2）成年鸡　成年鸡感染后多不表现明显症状，成为慢性带菌者。大部分鸡能在短期内康复。

3. 剖检变化　最急性者不见明显病变，仅见肝肿大、淤血、胆囊扩大、充满胆汁。病程稍长者可见消瘦、失水、卵黄凝固，肝、脾充血并有条纹状或针头状出血或针尖状灰白色坏死点，常有心包炎、小肠出血性炎症，盲肠扩张，肠腔内有黄白色干酪样物堵塞。10 日龄内鸡常伴有肺炎病变。

雏鸡可见肝肿大，古铜色，并有灰白色坏死点。盲肠内有干酪样物形成栓子，直肠扩大，充满秘结的内容物。肾脏苍白。

成鸡消瘦，肠黏膜有溃疡或坏死灶，肝、脾、肾肿大，输卵管坏死和增生，卵子偶有变形。腿部关节常发生关节炎，伴发心包炎和腹膜炎。

4. 实验室诊断

（1）细菌培养　取盲肠内容物接种于犊牛肉浸液琼脂斜面或亮绿和脱氧胆盐柠檬酸琼脂平板培养基上培养（选择培养基），置 37℃ 温箱，经 24～48 小时后观察结果，将培养的典型菌再进一步分离，做生化试验。

（2）血清学检查　一般可选用快速平板试验（方法同鸡白痢全血平板凝集试验）、试管凝集试验等。

5. 鉴别诊断　本病与鸡白痢、伤寒难以区别，只有经实验室检验如细菌分离、生化试验等才能区分。

（二）防治

1. 预防　加强种鸡卫生管理，特别是种蛋、孵化器、鸡笼等消

毒工作；种雏入舍后应严格隔离饲养。

2. 治疗　有条件者应根据药敏试验选择最佳药物。一般常用下列药物：

（1）金、土霉素或四环素　按0.4%拌料，连用5~7天。

（2）痢特灵　按0.04%拌料，连用7~10天。

（3）甲砜霉素　每袋加水40千克，连用3~5天。

（4）中药治疗　马齿苋160克、地绵草160克、车前草80克，加水3千克煎汁，可供500只雏鸡一天服用，连用3~5天。

四、禽霍乱

禽霍乱又称禽巴氏杆菌病或禽出血性败血症，是由多杀性巴氏杆菌引起的多种禽类的一种急性败血性传染病，常以剧烈下痢、突然死亡、反复发作为特征。

病原为多杀性巴氏杆菌的禽型菌株。该菌为革兰阴性短小球杆菌，用美蓝或瑞氏染色具有明显的两极染色特征。其具有多种血清型，引起禽霍乱的血清型主要是5∶A、8∶A和9∶A，该菌中以5∶A最为多见。该菌对环境的抵抗力较弱，一般消毒药、阳光、干燥均能将其很快杀死，对多种抗生素和磺胺类药敏感。

（一）诊断

1. 流行特点　呈季节性流行，秋季和初冬多发，其他季节发生较少见。临床上以急性经过为常见，发病率和死亡率都很高，慢性经过的则较低。本病对鸡最易感，其次为鸭和鹅。各种年龄的家禽均可感染。鸡主要发生于4月龄以上的性成熟产蛋鸡，其发病最严重，特别是高产蛋鸡发病率高、死亡快。往往是一切正常，翌日凌晨突然出现死亡鸡，这一现象在农村散养鸡群中表现尤为突出。2月龄以内的鸡很少发病。

本病的传染源主要是带菌禽及病死禽，它们散布大量病原造成广泛传播。病原菌污染饲料、饮水、用具及环境后，主要经呼吸道、消化道及创伤皮肤等传播。狗、猫、野鸟、昆虫及人都能带菌传播。

该病原菌是一种条件性致病菌，健康禽体呼吸道中常有该菌存在，但不发病。当饲养不良、天气剧变、舍内空气污浊、营养缺乏、转群及重新组群时，往往使鸡体抵抗力减弱或病原菌毒力增强，引起本病发生。

2. 临床症状　潜伏期一般为 2～9 天，本病依病情缓急分为三种类型。

（1）最急性型　常不见任何症状而突然死亡。多发生于流行初期肥壮、高产的家禽。有时可见到精神沉郁、不安、倒地挣扎、扑翅抽搐，在数分钟或数小时内死亡。有时前日食欲、精神正常，次日清晨发现鸡死在笼内。

（2）急性型　病鸡体温升高，精神委顿；喜饮水，拒食，缩颈闭眼，羽毛松乱，张口呼吸，口、鼻中流出黏液性分泌物；呼吸时发出咯咯之声；伴有剧烈腹泻，排出黄白色或黄绿色稀粪。死前鸡冠或肉髯呈暗紫色。病程为几小时或 1～2 天。大多数死亡，自愈者极少。病鸡常常摇头，有"摇头瘟"之称。此型最常见。

（3）慢性型　多由急性转变而来，见于流行后期；或由毒力较弱的菌株感染所致。表现为慢性呼吸道炎和慢性胃肠炎；喉头、鼻孔有少许分泌物；肉髯苍白、水肿，继而变硬；食欲差，持续性腹泻；关节肿大，呈现跛行或瘫痪。病程在 1 月以上，死亡率低。但生长、增重和产蛋长期不能恢复，应淘汰。

3. 剖检变化

（1）急性型　急性型病鸡可见到比较典型的病理变化。一是肝脏肿大、发黄，表面有许多针尖至粟粒大的灰白色或灰黄色小坏死

点。二是肠道特别是十二指肠黏膜有严重的出血性、黏液性炎症，其他肠段有较轻微的出血性变化，盲肠扁桃体严重出血。三是广泛性出血斑点，主要分布于心冠脂肪、皮下组织、腹膜、腹腔脂肪、肠系膜等部位。四是气囊及肠系膜等处常有灰白色豆渣样渗出物。五是心包积液量增多，心冠和心内外膜有出血点和出血斑。六是输卵管内有完整的蛋，多见于最急性病鸡。

（2）慢性型　病鸡可见肉髯炎性水肿，颈部皮下肿胀和胸气囊炎、关节炎、鼻窦炎、腹膜炎等。

4. 实验室诊断　根据临床症状、流行特点和特征性病理变化，大多数可以做出诊断。确诊主要靠病原学检查。无菌采取病鸡心血涂片或肝、脾触片，用瑞氏或美蓝染色镜检，可见到特征性的两极浓染的球杆菌进行确诊。

5. 鉴别诊断　注意本病与禽的一些急性传染病如鸡新城疫、禽伤寒、鸭瘟相区别。

（1）与鸡新城疫的区别　新城疫流行广、传播快，但鸭、鹅不感染；剖检可见腺胃有出血或溃疡，肝脏无明显病变；用抗生素治疗无效。本病多呈散发，鸡感染后肝脏肿大，表面有坏死点，用抗生素治疗效果好。

（2）与鸡伤寒的区别　鸡伤寒多发生于3周龄以上的青年鸡及成年鸡，表现为脾脏肿大，胆囊肿大并充满绿色油状胆汁；肝脏呈古铜色，表面有少量灰白色坏死点。本病在16周龄以下很少发生，表现为脾脏正常或稍肿大，肝脏肿胀且表面布满针尖至小米粒大小不等的灰白色坏死点。

（二）防治

1. 预防

（1）加强饲养管理　本菌为条件性病原菌，凡能使鸡体抵抗力下降的因素均可导致内源性感染，故平时必须加强饲养管理，消除不良因素，使鸡体保持健康状态。

（2）严格消毒　发现疫情后，应及时烧毁病死鸡，同时进行严格消毒，对周围环境的空间、饮水、用具等进行消毒，持续 5~7 天，同时用药物治疗。

（3）免疫接种　鸡场若无本病流行，一般不需要接种菌苗。在流行地区接种菌苗有一定的效果。菌苗有弱菌苗和灭活苗，可选择使用。种鸡和蛋鸡在产蛋前接种，免疫期一般为 3 个月。

2. 治疗　主要用抗生素，应尽早进行，并选用敏感药物或交替用药。目前常用的药物有：

（1）喹乙醇　每千克饲料加 0.4 克，连用 3 天。

（2）菌枝杀　每瓶 100 毫升加水 40 千克，连用 3~5 天。

（3）灭败灵　每千克体重 2 毫升肌注，隔日再注射 1 次。

（4）中药　黄连 90 克、穿心莲 100 克、黄芩 90 克、大青叶 80 克、金银花 80 克（1000 只鸡用量）。用法：煎药汁拌料或饮服，连用 2~3 天。

五、禽大肠杆菌病

禽大肠杆菌病是由致病性埃希大肠杆菌引起的禽的一种原发性或继发性疾病，主要危害幼禽，特别是肉鸡。该病表现为不同的病型，常见的病型有急性败血症、肝周炎、肠炎、关节炎和卵黄性腹膜炎等。从胚胎期直至产蛋期均可能感染。随着养禽业的迅速发展，本病越来越受到人们的重视，特别是 20 世纪 80 年代以来，本病在各地流行且日趋严重，目前已上升至细菌病的首位，给养禽业造成了很大的经济损失。

病原菌是一种革兰染色阴性的小杆菌，具有中等毒力，能运动，无芽孢，具有菌体抗原（O 抗原）、荚膜（K）抗原和鞭毛（H）抗原。根据它们的 O、K、H 抗原不同，可将其分为许多不同的血清型和变异株。到目前为止发现有 O 抗原 159 种、K 抗原 99 种、H 抗原 50 种。常见的有 01、02、078、035 四个血清型，因其血清型不同，表现症状也是各种各样。本菌对外界环境抵抗力较强，60℃ 15 分钟灭活，对苯酚、甲醛高度敏感，双链季铵盐（百菌杀、百毒杀）、过氧乙酸等一般消毒药均可将其杀死。

（一）诊断

1. 流行特点　本病对鸡易感，各种年龄的鸡均能发病，但以 4 月龄以内的鸡发病较多。

传播途径有三种：一是垂直传播，即母源性种蛋带菌，垂直传播给下一代雏鸡；二是种蛋本来不带菌，但蛋壳上所沾的粪便等污物带菌，在种蛋保存期和孵化期侵入蛋的内部；三是接触引起水平传播，大肠杆菌从消化道、呼吸道、肛门及皮肤创伤等处都能入侵，饲料、饮水、垫草、空气等是主要传播媒介。

本病可以单独发生，也常常成为其他疾病的并发和继发症，如新城疫、法氏囊、呼吸道病等，使鸡群的死亡率更高。发病率为 10%～50%，死亡率为 5%～40%。

2. 临床症状　因病菌侵害部位不同，可引起多种表现。

（1）急性败血型　多发生于育成鸡，有时也引起成鸡死亡，发病急、病程短，一般不表现出明显的症状而突然死亡。部分病鸡表现为精神沉郁，呆立，羽毛蓬乱，食欲减退或废绝，腹部胀满，拉白色或黄绿色稀便，肛门周围的羽毛被其污染。该型对鸡群的危害最大，发病率高，病死率为 5%～20%，有时可达 50%。

（2）卵黄性腹膜炎　俗名"蛋子瘟"，主要发生于产蛋期的成年母鸡。其症状为精神沉郁，食欲减退，鸡冠萎缩呈紫色，不愿走动；后期腹部膨胀下垂，直立呈企鹅姿势，逐渐消瘦。最后完全不能采食，眼球凹陷，内中毒而死，多数不能恢复产蛋。病程一般为2~6天。

（3）大肠杆菌性肉芽肿　此型在临床上无任何特征性症状，一般表现为精神沉郁，垂翼，羽毛蓬乱无光，体重下降，体弱无力，冠与肉髯苍白，食欲降低，体温略升高，口渴，拉灰白色稀粪，病死率较高，有时可达50%。

（4）肠炎　在本病急性感染时，经常出现严重腹泻，排淡黄色水样粪便，病鸡肛门周围的羽毛严重污染。

（5）脑炎　病原菌突破血脑屏障后进入脑部，引起神经症状，昏睡、下痢及食欲废绝。

（6）关节炎　病鸡关节及足垫肿胀，跛行，触之有波动感，局部温度较高。这是菌血症的后遗症，多数鸡在1周左右恢复，部分则转为慢性经过。

（7）全眼球炎　是急性败血症恢复期的一种症状，常为单侧性。病鸡眼睑肿胀、流泪、畏光，眼睛呈灰白色，角膜混浊渐为不透明或失明。眼前房积脓。大多数鸡发病后很快死亡。

（8）胚胎病和脐炎　主要发生于孵化后期的胚胎及1~2周龄的雏鸡，死亡率为5%~15%，主要表现为卵黄吸收不良，脐部闭合不全，腹胀大、柔软、下垂，俗称"大肚脐"。主要是病原菌经蛋壳钻入蛋内，或母鸡带菌而垂直传播，卵黄囊为其感染灶。

3. 剖检变化　病原菌感染部位不同，所表现的病变也不相同，应根据具体情况而定。

（1）急性败血型　特征性病变是心包炎、肝周炎、腹膜炎。心包炎主要表现为心包积液，心包膜混浊、增厚，内有纤维素性渗出物，常与心肌粘连；肝周炎表现为肝肿大，呈紫色，有胶冻样渗出物包围，肝被膜增厚、混浊，表面有一层半透明状灰白色的纤维素性膜包围；腹膜炎主要表现为腹腔内积有多量腹水，纤维素性渗出

物凝块充斥于脏器与肠道之间。

（2）卵黄性腹膜炎　腹腔积有大量卵黄，有的呈凝固状，有恶臭味，呈广泛性腹膜炎，整个腹腔中脏器和肠道等相互粘连；卵泡膜充血、卵泡变性萎缩，局部或整个卵泡呈红褐色或黑褐色，有的卵黄液化或凝固；输卵管充血出血，有多量分泌物，有的有黄色絮状或块状干酪样物，有的伞部粘连而不能正常排卵，导致卵子坠入腹腔，因腐败而产生内中毒。

（3）肉芽肿　一般发生于成年鸡的十二指肠、盲肠及肝脏、心肌等部位，肉芽肿呈白色或黄白色。病变从小的结节到大块组织坏死不等，肝脏常呈花斑状，肠道则有大块螯生物。

（4）肠炎　肠道 1/3～1/2 处肠黏膜充血、出血，黏膜脱落。严重者肠壁血管破裂，排出血便。

（5）脑炎　脑膜充血、水肿，严重时有出血。

（6）关节炎　关节及足垫部肿胀，关节腔内充有浆液性、干酪样分泌物。

（7）胚胎病和脐炎　卵黄呈现黄棕色水样物，内有颗粒悬浮，有时内有干酪样团块，卵黄吸收不良。肝呈土黄色，肿胀，质脆，有点状出血。肠黏膜充血或出血。

4. 实验室诊断　通常取刚死亡的病鸡的肝、脾触片或血涂片染色，镜检看到革兰阴性的无芽孢的短小杆菌。确诊则需做病原菌分离培养，一般接种普通肉汤或血琼脂斜面，挑取菌落染色镜检或做生化试验。

5. 鉴别诊断　本病中的急性败血型与新城疫、禽霍乱相类似，有时并发。区别时须经实验室诊断以确诊本病。

（二）防治

1. 预防　加强饲养管理，搞好环境卫生尤其是水源卫生。饮水消毒、器具及圈舍经常消毒、降低饲养密度、及时捡蛋、做好脏蛋的清洗工作、种蛋入库前做熏蒸消毒等均能有效地降低本病的发病率。

2. 治疗

①发生本病的鸡场，最好进行药敏试验，筛选出最敏感的药物用于治疗。一般发生本病时，可使用的药物有：氯霉素以 0.1%~0.3%的比例混饲，连用 3 天，药量不宜过大，使用时间不宜过长，种鸡群及蛋鸡群慎用；庆大霉素于每千克饮水中加 8 万单位，连用 5~7 天，病重鸡每千克体重肌注 5000 单位，每日 2 次，连用 2~4 天；敌菌净可按万分之二的比例加水；痢特灵按每千克饲料拌入 0.4 克，连用 3~7 天，产蛋鸡慎用。在发生其他传染病时，饲料或饮水中应加入一定量的抗生素来控制本病原菌的继发感染。

②进行中草药治疗，可用禽菌灵 1%的比例混饲，连用 3 天；1%黄连合剂饮水投服，连用 3 天；泻立宁内服投药，成鸡 1 毫升，雏鸡 0.5 毫升，均有疗效。

3. 免疫 接种在本病发生严重的鸡场，可试用多价大肠杆菌灭活油佐剂苗。最好采用当地典型发病鸡分离出的制苗菌株，这样可以保证预防效果。种鸡的免疫第一次在 4 周龄接种，皮下注射 0.4~0.5 毫升，第二次在 18 周龄接种，皮下注射 0.9~1.0 毫升。种鸡免疫后，雏鸡可获得被动免疫。油佐剂灭活苗也可用于雏鸡。

六、禽葡萄球菌病

禽葡萄球菌病是由致病性葡萄球菌引起的禽的一种急性或慢性非接触性传染病，一般以组织器官发生化脓性炎症或全身脓毒败血症为特征。

葡萄球菌为革兰阳性菌，组织脓液涂片呈单个或成双排列，纯培养物涂片呈葡萄串状或团块排列。该菌对理化因素的抵抗力较强，

在干燥的脓汁或血液中可存活数月，反复冷冻30次仍可存活，80℃ 30分钟才能杀死，煮沸可迅速死亡。常用的消毒药中，苯酚的消毒效果较好，30%苯酚、0.1%升汞，3～5分钟可杀死本菌，70%乙醇数分钟可杀死本菌。

（一）诊断

1. 流行病学　本菌广泛分布于自然界，土壤、空气、水及各种动物的体表都有该菌的存在，鸡的皮肤、羽毛都含有该菌。

鸡对葡萄球菌的易感性与表皮或黏膜有无创伤、机体抵抗力强弱、葡萄球菌污染程度及鸡所处的环境等有着密切关系。

创伤是该病的主要传染途径，如带翅号、断喙、刺种疫苗、笼架的创伤、啄伤等途径都可传播葡萄球菌。此外，也可通过消化道和呼吸道传播，雏鸡脐带感染也是常见的感染途径。另外，发生鸡痘的鸡群往往易发生该病。

鸡群密度过大、通风不良、氨气过浓、饲料缺乏维生素和矿物质及某些传染病的发生等均可引起该病的发生。

该病一年四季均可发生，但雨季、潮湿季节多发。虽然各种日龄的鸡均可发生，但以40～60日龄的鸡发病最多。平养和笼养鸡都有发生，但笼养鸡的发病率相对较高。

2. 临床症状　根据病原菌的毒力、鸡的日龄、感染部位及鸡体状态的不同，可将本病的临床类型分为急性型和慢性型两种。

（1）急性型　多见于雏鸡和育成鸡，发病急、病程短、死亡率高。有的不表现临床症状而突然死亡，有的病鸡表现为精神不振、体温升高、两翅下垂、缩颈呈半睡眠状、羽毛松乱、食欲减退或废绝。特征性症状是胸、腹、股内侧皮下水肿，滞留有数量不等的血样渗出物，外观呈紫黑色，按之有波动感，局部羽毛脱落；自然破溃后，流出茶色或紫红色液体。有些病鸡在翅膀背侧及腹面、翅尖、尾、眼睑、背及腿部的皮肤上会出现大小不等的出血、炎症和坏死或局部干燥结痂。病鸡多在 2~5 天死亡，急性者 1~2 天死亡。

（2）慢性型

①关节炎型：多见于青年鸡。表现为多个关节发炎肿胀，病鸡精神委顿，关节疼痛不能站立，勉强走动则呈跛行。肿胀多发生在趾、跖关节，呈紫红或紫黑色，有的破溃并结成污黑色硬痂，腱鞘肿大，趾瘤，脚底肿胀。关节滑膜增厚、充血或出血，关节囊内有不等量的浆液，或有黄色脓性或浆液纤维素性渗出物。病程较长的可能变成干酪样坏死。

②脊椎炎型：本菌能引起禽第 5、第 6、第 7 颈椎发炎，导致脊髓受压迫而引起跛行甚至瘫痪。一般认为局部损伤是病菌的侵入门户，本型在临床上少见。

③眼炎型：本菌能使鸡失明，表现为角膜损伤及卡他性结膜炎。病鸡眼球肿胀，角膜表面及结膜囊内有大量腐乳样或干酪样分泌物，角膜混浊易碎，肿胀严重者眼睑闭合而使鸡失明。

④脐炎型：俗称"大肚脐"，主要是在出壳不久的雏鸡中发生。由于脐环闭合不全，葡萄球菌感染后即引起脐炎。病鸡除精神不振等一般症状，还可见腹部膨大，脐孔及周围组织发炎肿大，质硬，有黄红色或暗红色液体流出，有臭味，随后变为脓样干涸坏死物。病雏鸡通常出壳后 2~5 天死亡。死亡率高。

3. 剖检变化　本病的剖检病变随症状不同而变化。

（1）急性败血型　整个胸腹部皮下充血、出血，呈弥漫性紫红色，皮下积有大量粉红色或黄红色胶冻样水肿液，水肿液向前延伸达嗉囊周围，向后可延伸至后腹部及两腿内侧。肝肿大，呈淡紫红色，表现有数量不等的白色坏死点。脾肿大，呈紫红色，有白色坏死点。心包积液，心冠脂肪及心外膜有出血点。腹腔脂肪、肌胃、浆膜等处有时出现紫红色水肿或出血。

（2）关节炎型　关节肿大，滑膜增厚，充血或出血，关节腔内

有浆液性渗出物或脓液,后期变为干酪样坏死。关节周围结缔组织增生而变成畸形。

(3)脐炎型 脐部肿胀,呈紫红或紫黑色,皮下有暗红色或黄红色液体,随后变为脓样干涸坏死物。卵黄吸收不良,呈暗红色液体或内混有絮状物。肝脏上有出血点。

4. 实验室诊断 根据流行病学、临床症状及病理剖检变化可做出初步诊断,确诊需经实验室诊断。

取病死禽心血、肝、脾或皮肤损伤部位的病料,直接涂片或接种培养基,经35~37℃培养,形成圆形、凸起、边缘整齐、表面光滑、不透明的直径1~2毫米菌落。革兰染色阳性,镜下可见菌体呈圆球形、单在、成双或呈葡萄状排列,在厌氧条件下发酵甘露醇,产生接触酶和凝固酶的球菌即可确诊。

5. 鉴别诊断 本病应注意与病毒性关节炎、滑液支原体病及硒缺乏病相区别。

(1)与病毒性关节炎的区别 本病虽然也有关节肿大、跛行等症状,但一般精神、食欲无明显变化,体表没有化脓、溃烂灶,死亡很少。

(2)与滑液支原体病的区别 本病也有关节肿胀及跛行症,但病程较长,体表各部位无出血、化脓或溃烂。发病多因经卵垂直传播,并非外伤感染。用泰乐菌素和北里霉素治疗有效,而病菌对青霉素和磺胺类药物不敏感。

(3)与硒缺乏病的区别 由于日粮中硒的含量不足而发病。表现为躯体较低部位的皮下充血,呈蓝紫色,并有浅绿色水肿。剖检见有胰腺变性、坏死和纤维化。补硒后可很快控制本病。

(二)防治

鉴于本病原菌广泛存在于自然界,在大群密集饲养的鸡舍中一旦发生本病很难根除。因此,防止本病的发生,主要是做好经常性的预防工作。

1. 预防　避免鸡皮肤出现外伤，保持鸡笼、网具和鸡舍的光滑平整，饲养密度不要过大，防止鸡群互斗和啄伤。鸡场一旦发生本病，就要及时隔离病鸡并进行治疗。对被污染的鸡舍、鸡笼和环境进行带鸡消毒。

2. 治疗　严重病鸡应及时淘汰，轻者单独治疗。若发病多，应全群投药，方法如下：

（1）庆大霉素　按每千克水加 16 万单位，同时用新霉素每千克饲料加 0.3~0.4 克，疗程为 3~5 天。或卡那霉素加水，每千克水加30 万~50 万单位或氯霉素拌料，每千克饲料加 1 克，连用 5 天。

（2）局部脓肿　可用 0.1% 高锰酸钾水洗净，再涂上紫药水。

3. 免疫接种　国内研制的鸡葡萄球菌多价油乳剂菌苗和氢氧化铝菌苗有一定的免疫效果。在 20~50 日龄接种，免疫期可持续 2 个月左右。

七、新城疫

新城疫是由新城疫病毒引起的一种急性败血性、高度接触性传染病，又称亚洲鸡瘟，群众俗称鸡瘟。其主要特征是病鸡呼吸困难、下痢、黏膜和浆膜出血以及神经紊乱等。本病是养鸡业危害最严重、威胁最大的疾病之一。

新城疫病毒为副黏病毒属的一个品种，一般认为只有一个血清型，目前还没有发现免疫学上不同型的病毒存在。其对外界环境的抵抗力较强，加热至 60℃ 需 30 分钟方失去活力，37℃ 可存活 7~9天，夏天阳光直射的条件下 30 分钟死亡；低温条件下抵抗力强，4℃ 可存活一年左右，−20℃ 可存活数年。在鸡舍内，0~4℃ 能存活半年至一年，30~32℃ 能存活一个月。在鸡粪中一般 72 小时失去活

力，在掩埋的鸡尸中大约可存活一个月。一般消毒药在数分钟内即可将其杀死。

病原体存在于病鸡的所有组织器官、体液、分泌物和排泄物中，脑、脾、肺含毒量最多，骨髓含毒时间最长。

（一）诊断

1. 流行特点　鸡、火鸡、鸽、鹌鹑、野鸡、鸭、鹅、孔雀及其他禽类都对本病有易感性，其中鸡易感性最高，鸭、鹅感染一般不表现临床症状，不同品种、日龄的鸡之间的感染有差异，雏鸡抵抗力弱、病死率高，老龄鸡较少发病。人偶尔可感染，表现为轻度结膜炎和类似流感症状。

本病的主要传染源为病鸡和带毒鸡，病鸡从症状出现前24小时至症状消失的5~7天内，均可从其口、鼻分泌物和排泄物中排泄出大量病毒，经被污染的饲料、饮水和环境或者人及其他动物的活动而传播给健康鸡。鸟类在本病的传播中具有不可忽视的作用。传播途径主要是呼吸道和消化道。病毒能否经胚胎垂直传播尚未定论，但被感染的蛋若入孵，则多数胚胎在出壳前即死亡。

本病一年四季均可发生，但春秋季节多发，自然感染和潜伏期为2~15天不等，平均为5~6天。易感鸡群一旦感染发病，就会迅速传播，呈毁灭性流行，发病率和死亡率都高达90%以上。

2. 临床症状　鸡新城疫依病程长短和病情轻重不同，可分为三种类型。

（1）最急性型　病程极短，病鸡突然倒地挣扎，迅速死亡，多见于雏鸡。成年鸡常死于夜间，早晨发现。这样发病死亡的一般只是个别鸡，虽然算作一种类型，但通常不是孤立出现的，而是整群鸡即将发病的先兆。

（2）急性型　发病的鸡大多属于这一类型。病初体温升高，达43~44℃，精神萎靡，缩颈，尾下垂，立于一隅昏睡，反应迟钝，很少采食或废食，饮水增多，母鸡产蛋剧减，出现少数软壳蛋、畸形蛋。随着病情的发展，出现本病的特征性症状：一是上呼吸道分泌大量黏液，自口流出，有时挂于喙端，常摇头想甩掉，呼吸困难，呼吸时喉部发出"呼噜呼噜"的声音；二是由于呼吸困难，血液中氧气不足，二氧化碳增多，使冠髯变为青紫色，临死前后尤为明显，下痢，粪便是呈绿色、黄白色如蛋清样的稀粪，有时混有少量血液；三是一部分鸡嗉囊蓄积多量酸臭液体，将鸡倒提时，液体急速从口中流出，如提壶倒水一般。

病程3~5天，如不采取紧急免疫等措施，死亡率高达90%。少数耐过未死的鸡，血液中病毒较少（病毒在血液中最高浓度约维持4天），内脏中病毒可能消失，病毒侵害转向中枢神经，引起非化脓性脑脊髓炎，使病鸡表现出各种神经症状，如扭头、翅膀麻痹、转圈、倒退等。在安静时，这些症状稍为缓解，可以采食，一受惊吓则可发作，如此日久，大部分鸡消瘦死亡或被淘汰，也有个别鸡可安全康复。1月龄以下雏鸡的急性型新城疫，症状不典型，病程2~3天，紧急免疫效果较差，死亡率高达90%~100%。

（3）慢性型　一般见于免疫接种质量不高或近期失效苗免疫的鸡群。表现为陆续有一些鸡发病，病情较轻而病程较长，最终死亡。此外，成年鸡群在急性发病过后，常转为慢性病鸡。

3. 剖检变化　病鸡病理变化主要是广泛性出血。腺胃乳头或乳头间点状出血，有时形成小的溃疡斑，从腺胃乳头中可挤出豆渣样物。肌胃角质层下有点状、斑状出血。十二指肠及整个小肠黏膜呈点状、片状或弥漫性出血。泄殖腔黏膜呈弥漫性出血。脑膜充血或出血。以上病变较有特征性。其他病变还有：气管黏膜充血出血，肺淤血，心冠脂肪点状出血，有的卵泡破裂使腹腔内有蛋黄浆，胸腺肿大并有小点出血，盲肠扁桃体肿胀出血、坏死，口腔及咽喉蓄有黏液，嗉囊蓄积酸臭液体等。肝、肾、脾一般无明显病变。

4. 非典型新城疫   随着集约化养鸡业的发展和免疫的普及，生产实践中往往发生的是非典型新城疫。非典型新城疫多发于 30~40 日龄的雏鸡，成年鸡的发病率和死亡率不高。患病雏鸡的主要表现为明显的呼吸症状，病鸡张口伸颈、气喘、呼吸困难、有呼噜的喘鸣声、咳嗽、口中有黏液，有摇头和吞咽动作。除死亡，还有神经症状，病鸡歪头、扭颈、共济失调，头后仰呈观星状，转圈后退，翅下垂或腿麻痹。安静时恢复常态，尚可采食饮水，病程较长，有的可耐过，稍遇刺激就会发作。产蛋量急剧下降，软壳蛋明显增多，拉绿色粪便。剖检变化不典型，将不同鸡的不同病变加在一起才能构成新城疫的特有病变群。鸡冠尖部发绀，皮下出血，尤以颈部和胸部皮下出血明显，口腔、喉头及气管内黏膜增多，喉头和气管黏膜充血、出血。腺胃稍肿胀，约 10% 的病例可见少数腺胃乳头有轻度的出血或在食道与腺胃、腺胃与肌胃的交界处有出血斑点。十二指肠及空、回肠黏膜肿胀，呈卡他性炎症，部分病例可见有局灶性不规则的扁平突起于小肠黏膜面上的"枣芽肿"。盲肠扁桃体肿胀明显，并有中度的新鲜出血斑点。直肠和泄殖腔黏膜有出血点或弥漫性出血。

5. 实验室诊断   基层兽医站及鸡病诊疗所兽医根据流行病学、临床症状和剖检变化进行综合分析，一般可做出初步诊断。确诊需在实验室做病毒分离与鉴定工作或做血清学试验，如 HI 试验、中和试验、荧光抗体检查等。

6. 鉴别诊断   本病在临床上与多种病有相似之处，容易混淆。必须抓住主要的不同点予以区别，以防误诊。现分述如下。

（1）与鸡伤寒的区别   鸡伤寒病变有肝肿大呈古铜色的症状，但腺胃无明显的出血变化，也不见口鼻流黏液、嗉囊蓄积大量酸臭液体以及神经症状，此外，鸡伤寒有多种有效的治疗药物（如抗生素等）。

（2）与传染性支气管炎的区别　传染性支气管炎的减蛋幅度大，畸形蛋多而严重，卵泡充血或部分萎缩变性，输卵管缩短、肥厚、粗糙、充血或坏死，主要侵害4周龄的雏鸡，气管、鼻道和窦内有浆液性、卡他性渗出物或干酪样物。

（3）与禽霍乱的区别　霍乱侵害各种家禽，鸡性成熟后易感性大，多为急性，死亡率高。尤其多见肝肿，具有灰白色坏死小点；肝、脾、心血涂片可见有两极染色的巴氏杆菌。抗生素等多种药物有疗效。

（4）与传染性喉气管炎的区别　传染性喉气管炎主要侵害成年鸡，突出表现为张口呼吸，喉头、气管出现伪膜和干酪样物，常咳出带血黏液。

（5）与慢性呼吸道病的区别　慢性呼吸道病呈慢性经过，死亡率低，抗生素有疗效。剖检变化主要为气囊变化，气囊混浊，囊腔有炎性渗出物或干酪样物。

（6）与传染性鼻炎的区别　传染性鼻炎主要侵害8～12周龄的鸡，多呈急性经过，眼鼻有炎性分泌物，鼻孔周围和结膜囊内有恶臭的干酪物，面部、肉髯肿胀。抗生素和其他药物有疗效。

（7）与曲霉菌病的区别　曲霉菌病多发于育雏期，肺与气囊内有灰白色或灰黄色小结节，压片镜检多见霉菌丝和孢子。制霉菌素和碘化钾有疗效。

（二）防治

目前本病无良好的治疗方法，在早期注射高免血清制剂的效果较好。中药制剂"回天香""鸡服康"有一定疗效。除做好常规兽医卫生防疫措施，还要认真做好免疫接种。

1. 免疫程序　免疫程序要根据所用疫苗决定。雏鸡接种弱毒苗，为避免母源抗体的干扰，首免宜于10～14日龄进行。蛋用鸡在开产前，务必获得较强的免疫力，以维持到产蛋末期。以下几种免

疫方案可供参考。

①10～14日龄Ⅳ系苗饮水或滴鼻；30～35日龄同前，65日龄Ⅰ系苗肌注；135日龄新城疫油苗肌注。

②10～14日龄Ⅳ系苗饮水；30～35日龄Ⅳ系苗第二次饮水，以后每2个月左右用Ⅳ系苗饮水1次，直至饲养期结束。

③1～2日龄新城疫油苗皮下注射，Ⅳ系苗滴鼻或点眼；75日龄前后Ⅳ系苗饮水或Ⅰ系苗肌注；135日龄Ⅰ系苗肌注。

2. 发生新城疫时的紧急免疫 当鸡群发生新城疫时，选用适当的疫苗进行紧急免疫，对于比较大的鸡，尤其是成年鸡来说，具有很好的效果，除病重鸡会更快死亡，未发病的鸡大多数可免于发病，轻病鸡也有一部分可免于死亡。但2月龄以下的鸡发病时，紧急免疫的效果较差，而且日龄越小，效果越差。2月龄以上的鸡，紧急免疫用Ⅰ系苗2倍量肌肉注射，也可用Ⅳ系苗5倍量肌肉注射。最好用新城疫油苗2倍量肌肉注射，同时用Ⅳ系或C30-86苗饮水或滴鼻。1～2月龄的鸡，紧急免疫最好用Ⅳ系苗3倍量肌注或饮水。1月龄以下的雏鸡，可试用新城疫油苗，每只皮下注射0.5毫升，也可用高效价高免血清皮下注射治疗。

八、鸡传染性法氏囊病

鸡传染性法氏囊病又名甘保罗病，是由鸡传染性法氏囊病病毒引起的急性、高度传染性疾病。其特征为间歇性腹泻、厌食、高度虚弱，体重减轻和电解质平衡紊乱。近年来，本病在我国大部分地区流行，严重威胁到养鸡业的发展，在鸡十大传染病中上升为第二位，又由于其能导致鸡体的免疫抑制，所以引起人们普遍关注。

本病的病原体是一种双核糖核酸病毒。该病毒非常稳定，对理化因素的抵抗力较强。在60℃经90分钟仍不能灭活，在-20℃可生存 3 年之久；在 pH 值为 2 的强酸中 1 小时也不能杀死，在 pH 值为 12 的强碱中保持 30℃ 以上经 1 小时方能杀死；在紫外线及日光下有耐受力；在清除法氏囊炎病的空鸡舍内可存活 122 天以上，从病鸡舍内清除出的粪便及取出的饲料、饮水等经 52 天仍保持感染力。病鸡舍内的螨、蚊、小甲虫等能带毒传播。病毒的稳定性使其能在鸡舍内长期存活，给消灭本病带来困难。对法氏囊炎病毒有效的消毒剂首先为甲醛，5% 作用 10 分钟可杀死该病毒，另外，戊二醛、毒菌净、百毒杀等也有一定效力。

（一）诊断

1. 流行特点 本病只发生于鸡，各种品种均可感染发病，但白色的轻型品种反应最严重，3~6 周龄的鸡最易感，3 周龄以下的雏鸡感染后多不表现临床症状，成年鸡对病毒有抵抗力。临床上可见到 4 日龄的雏鸡和 150 日龄的开产鸡发病。

本病一年四季均可发生，但以 5~7 月份为发病高峰，被污染的鸡舍常反复发生，鸡群感染有时可达 100%，死亡率一般为 5%~20%，但有的可达 90%。本病经消化道、呼吸道感染，通过直接接触或接触被病毒污染的饲料、饮水、垫料、用具等传播，昆虫、老鼠、饲养人员都可成为传播媒介。易感鸡群初次感染往往呈暴发性，病毒能否通过胚胎垂直传播尚不清楚。

2. 临床症状 本病潜伏期短，发病率高。感染后 2~3 天，雏鸡群突然大批发病，迅速传播，在 2~3 天内可使 60%~70% 的雏鸡发病，很快波及全群。发病早期的病鸡，自啄肛门周围的羽毛，随后发生下痢，排出白色或水样稀便。随着病情的发展，以后表现出食欲减退、精神沉郁、羽毛松乱、缩颈卧地、畏寒发抖、步态不稳、脱水、体温升高，法氏囊肿大而使肛门上方明显突出。急性者 1~2 天多因极度衰竭而死亡，发病后 3~4 天死亡率最高，死亡呈尖峰形曲线，高峰过后迅速恢复。鸡群的流行期为 10 天左右，一般没有后

遗症。

3. 剖检变化　法氏囊自发病后开始肿胀，一般在第 4 天肿至最大，为原来的 1~2 倍。囊的外面有淡黄色冻胶样渗出物，纵行条纹变得明显，囊内黏膜水肿、充血、出血、坏死。法氏囊腔蓄有奶油样或棕色果酱样渗出物。重病例法氏囊因大量出血，外观呈紫黑色，质脆，囊内充满血凝块。发病后第 5 天法氏囊开始萎缩，第 8 天以后仅为原来的 1/3 左右。胸腿肌肉有条片状出血斑，胸肌颜色变淡。腺胃黏膜充血潮红，腺胃与肌胃交界处的黏膜有出血斑点，排列略呈带状。腺胃乳头无出血点，如有则要考虑并发新城疫。病后期肾脏肿胀、苍白，肾小管和输尿管扩张，蓄积尿酸盐。肝呈土黄色，个别肺出血。10 日龄左右雏鸡发病，病变主要为法氏囊肿大，囊内有炎性渗出物。

4. 实验室诊断　实验室确诊方法有两种：一是鸡胚接种，取病鸡法氏囊或脾脏，加 5 倍生理盐水研磨，离心后取上清液接种来自易感群的 9~10 日龄鸡胚，经 3~7 天死亡，鸡胚腹部水肿，全身出血；二是用已知抗血清做疑似病料的琼扩试验来确诊。

5. 鉴别诊断

（1）与新城疫的区别　本病常与新城疫并发，造成鸡群大批死亡，两病有较多相似之处，容易混淆，应加以严格区别，以防误诊或漏诊。主要不同在于新城疫有呼吸困难和神经症状，呼吸道和消化道常有病变，而鸡传染性法氏囊病则不同。新城疫病鸡的胸部、腿部肌肉出血及法氏囊的炎症变化均不如鸡传染性法氏囊病明显可见。

（2）与包涵体肝炎的区别　包涵体肝炎发病多集中于 5 周龄，病鸡除死亡，症状不明显，剖检肝脏出血，法氏囊缩小，颜色无变化；鸡传染性法氏囊病肝脏呈土黄色，不出血，法氏囊先肿大后萎缩，且多有出血及炎性渗出物变化。

（二）防治

1. 预防　由于本病毒对环境的抵抗力强，能持久地存在于周围环境中，一旦感染发病，要根除就很困难，故必须坚持以预防为主。

首先，提高种母鸡的母源抗体水平。种母鸡在雏鸡阶段经过两次法氏囊活苗免疫后，于 18~20 周龄和 40~42 周龄各注射 1 次法氏囊灭活油佐剂苗，这样可使所产蛋孵出的鸡在 3~4 周龄内得到保护。

其次，执行较合理的免疫程序。其一，在低或无母源抗体时，用 1~2 倍剂量弱毒疫苗于 1~3 日龄首次饮水免疫，于 14 日龄用 2 倍剂量的同种疫苗进行二免。其二，在母源抗体较高且一致时，应用弱毒或中毒疫苗于 15~16 日龄和 25~30 日龄做两次饮水免疫（弱毒苗用 2 倍剂量）。鸡群母源抗体十分不一致时执行第一种免疫程序。其三，雏鸡于 2 日龄用中等毒力苗 1 个剂量滴鼻，间隔 3 天，用中等毒力苗 2 倍剂量滴鼻，间隔 14 天，再用中等毒力苗 2 倍剂量滴鼻。其四，按孵化场免疫程序确定首免日龄，用中等毒力苗 2 倍剂量饮水，间隔 18 天，再用中等毒力苗 2 倍剂量饮水，并于两次免疫中间用法氏囊高免血清或卵黄紧急免疫 1 次。

在生产实践中采集法氏囊病料，制作法氏囊组织灭活苗，于 7~14 日龄和 35~45 日龄进行两次免疫注射，免疫效果十分可靠。

2. 治疗　治疗要坚持"两早一快"的原则。即在法氏囊病暴发流行季节（每年 5、6、7 月），雏鸡于好发日龄（1 月左右），要勤观察，做到早发现、早诊断、快治疗，力争在初、前期及时治疗。发病后要及时用高免血清、卵黄液肌肉注射，配合抗生素治疗细菌继发感染，用多维葡萄糖饮水，病毒灵、小苏打拌料。用药可选用速效管囊散、囊复康、囊霸王、囊病清拌料或饮水。推荐一个防治鸡法氏囊病的中药方剂，以供参考。

处方：板蓝根 50 克、大青叶 50 克、川柏 25 克、连翘 50 克、甘草 20 克、金银花 25 克、蒲公英 50 克、炒白术 25 克、生石膏 12 克。

用法：加水 1~1.5 千克，煎至 500 克左右，供 100 只鸡用量，每天 4 次，每次每只 2~3 毫升，也可连煎 3 次，连用 3 天，防治皆可。

九、鸡马立克病

鸡马立克病是由一种疱疹病毒引起的传染性肿瘤病，病鸡的外围神经、内脏器官、性腺、眼球、虹膜、肌肉及皮肤发生淋巴细胞浸润和形成肿瘤病灶，最终因受害器官功能障碍和恶病质而死亡。在我国和世界上许多国家，本病是威胁养鸡生产的主要传染病之一。匈牙利学者马立克于 1907 年首先发现本病，故此病被称为马立克病。

本病毒属于 B 型（细胞结合型）疱疹病毒。病毒在鸡体内以两种形态存在。一种是不完全病毒，在肿瘤病中是裸体的，在血液中只存在于白细胞中，严格与细胞结合，当细胞破裂死亡时，其传染性亦随之显著下降或丧失，即与细胞共存亡，因此在外界容易死亡。另一种是完全病毒，可脱离细胞而存活，排出体外后抵抗力较强，常随鸡的皮屑及灰尘散播，一年后仍有感染力。这种细胞外的完全病毒在鸡马立克病的传染中起最主要的作用。

病毒对理化因素的抵抗力比较强，在室温中可生存 4 周以上，鸡粪和垫草中的病毒，在室温下其传染性可达 16 周，病鸡干燥羽毛的感染性达 8 个月，低温条件下病毒的存活时间更长。甲醛溶液、烧碱、农福、百毒杀对病毒的杀灭力较强。

（一）诊断

1. 流行特点 鸡年龄越小则易感性越高，1 日龄的雏鸡最易感染。病鸡和带毒鸡是主要传染源，鸡受感染后，大多数组织器官（如血液和肿瘤细胞）几乎终生携带病毒。病鸡及带毒鸡的羽毛囊上皮能产生大量具有囊膜的完全病毒，并可脱离细胞排至外界，污染周围环境。因此，脱落的角化毛囊、上皮、毛屑和鸡舍中的灰尘是重要的传染媒介。此外，病鸡和带毒鸡的分泌物和排泄物如唾液、鼻液和粪便等也有传染性。

本病具有高度接触传染性，直接和间接接触都可传染。病毒主要随空气经呼吸道侵入体内，其次是消化道。由于皮垢很轻，有随风将病毒传播至48千米外的鸡场引起感染的报道。病毒一旦侵入易感鸡群，其感染率很高，几乎达到100%，但发病率差异很大，可达70%~80%，一般来说神经型发病率较低，而急性型发病率较高。在成年鸡群中有时可见散发病例，但死亡率很高，发病率几乎等于死亡率，只有少数能康复。

2. 临床症状　自然感染的潜伏期一般来说短的3~4周，长者达几个月，症状可根据发病部位及临诊表现分为五种类型，但可混合发生。

（1）神经型　最早能观察到的症状是共济失调或步态不稳，其后出现一肢或两肢不对称的、进行性不全麻痹，最典型的姿势就是病鸡的一条腿伸向前而另一条伸向后，形成劈叉状，完全麻痹时病鸡会瘫痪不起；当臂神经受侵害时，表现为翅下垂；当控制颈部肌肉的神经受侵害时，则会出现低头、歪颈；当植物性神经受侵害时，则引起嗉囊扩张、呼吸困难、失声；当腹神经受伤时，则出现腹泻、消瘦、贫血等症状；最后病鸡陷于脱水、饥饿、衰竭而死亡。

（2）内脏型　此为急性型。一般比神经型病程更短，可在短期内集中死亡。病初往往无明显症状，呈进行性消瘦，冠髯萎缩，色泽暗淡，精神委顿，极度消瘦衰竭死亡。也有的病鸡无明显症状而突然死亡。

（3）眼型　主要侵害虹膜，一侧或两侧同时发病，眼睑肿胀，眼常闭合；轻者对光线反应迟钝，重者失明；虹膜正常色素消退，

呈弥性灰白色混浊，俗称"灰眼"；瞳孔初期不规则，后期只剩一个针尖大的小孔，病鸡常因无法看见食物而饿死。

（4）皮肤型　体表常见以羽根为中心形成大小不等的肿瘤或结痂，病程较长，初见于颈部和两翅，后遍及全身。

（5）腺胃型　病鸡精神委顿，消瘦身轻如柴，腿瘫卧地，交替排黄、白、绿色粪便，最后衰竭死亡。

3. 剖检变化　病理变化最常见于外周神经和内脏，受侵害的神经呈局限性，有时也呈弥漫性增粗，比正常的增粗 2～3 倍，呈灰白或灰黄色，横纹消失，有时呈水肿。病变多发生于一侧，与对侧相比易于观察。最常受侵害的神经有坐骨神经丛、臂神经丛、腹腔神经丛和肠系膜神经丛。

内脏器官最常受害的是性腺，尤其是卵巢，其次是肾、脾、肝、心、肺、胰、肠系膜、肠道、肌肉等器官及组织。发病时，在这些器官及组织中会出现灰白色的淋巴细胞性肿瘤，质地坚硬而致密，若与原有组织相间存在，则整个组织呈大理石样花纹，呈弥散性增厚。

皮肤病变与毛囊有关，不仅限于毛囊，有时可融合在一起，在拔了毛的尸体上更明显，呈灰白色的结节或瘤状物，有时呈淡褐色的痂皮。

腺胃型通常是肿瘤组织浸润在整个腺胃壁中，使胃壁增厚 2～3 倍，腺胃外观较大，较硬。剪开腺胃，可见黏膜潮红，有时局部溃烂；腺胃乳头变大，顶端溃烂。除腺胃有病变，其他脏器及组织均无变化，近年临床诊治中所见颇多，故单列一型。

4. 实验室诊断　实验室诊断本病常用琼扩试验法，用已知该病阳性血清测定病鸡羽髓病毒，也可用已知病毒抗原测定被检鸡的血清抗体。

5. 鉴别诊断　本病与淋巴细胞白血病所表现的内脏肿瘤变化用肉眼无法区别，要做病理组织学诊断才能予以鉴别。一般可根据以下几点予以鉴别诊断。本病多发生于 2～5 月龄的鸡群，而白血病多发生于性成熟后的鸡群；马立克病出现神经受损引起运动障碍、肢麻痹以及"灰眼"症状，且法氏囊多萎缩，而白血病则不然。

（二）防治

本病无法治疗，预防工作的关键在于两点：一是免疫接种，并要掌握好技术要领，确保质量；二是要严防 1 月龄以内的雏鸡感染。

1. 免疫接种　雏鸡出壳后 24 小时之内，要接种马立克疫苗。疫苗有火鸡疱疹苗，本疫苗注射后非常安全，免疫效果也比较好，多年来在国内外被广泛应用，是我国目前应用最多的疫苗；自然弱毒苗，可以单独应用，也可以与火鸡疱疹苗混合使用，相当于二价苗，效果比较好；人工弱毒苗，是用人工致弱的鸡马立克病毒制成的，很少应用；二价苗和三价苗，含上述三种毒株的称为三价苗，含其中两种毒株（一般都包含火鸡疱疹病毒）的称为二价苗，效果好于单苗，国内已研制应用。火鸡疱疹苗只需要一般的冰冻保存，其余都要在液氮罐中于$-196℃$保存。所有上述疫苗，都不能阻止马立克病毒在鸡体内繁殖与排出，只能起到阻止肿瘤形成的作用，大大降低发病率，也不能 100%地阻止发病。因而，单纯依靠免疫接种并不能完全防止马立克病，更不能消灭本病，还需其他的预防措施进行配合。

2. 使用鸡马立克疫苗的技术要点

①疫苗应按规定的要求在冰冻或液氮中保存，过期的不能使用。疫苗临用时必须用专用的稀释液进行稀释，稀释液不需要冰冻保存，但应置于阴凉处，变质及过期的不能使用。

②雏鸡出壳后注射本疫苗越早越好，如果每瓶疫苗是用于 1000只雏鸡的，就应每孵出 1000 只就注射一批，最晚应于出壳后 24 小时之内注射。

③注射部位一般在雏鸡头顶后的皮下。疫苗稀释后应于 1 小时

之内用完，最多不超过 2 小时，超过 2 小时的废弃不用。

④疫苗的规定剂量虽然可以抵消母源抗体的干扰并形成一定的免疫力，但在疫苗的保存和使用过程中，可能有一些病毒死亡，使疫苗的效价降低，加之养鸡环境中有超强病毒存在，因而免疫马立克病用高质量进口苗为 1 个剂量，高质量国产苗为 2 个剂量。

⑤不主张对 1 日龄雏鸡同时注射马立克疫苗和法氏囊弱毒苗，也不支持在马立克病疫苗稀释液中加恩诺沙星等抗菌药，以免影响马立克病疫苗的免疫效果。肉用仔鸡在我国一般没有免疫马立克疫苗，生产实践中 1 月龄发病者屡见不鲜，故拟安排免疫。

⑥关于马立克病疫苗二免问题，学术界有争议，尽管免疫机理尚需探讨，但生产实践表明：二免在被马立克病毒严重污染的鸡场有显著效果，可以在生产中应用，二免时间应于 10~14 日龄进行。

3. 严防 1 月龄以内的雏鸡感染　即使疫苗及免疫接种质量很好，雏鸡如果在出壳初期直至 4 周龄以内感染马立克病毒，发病的可能性仍然是相当大的，因此应严防 1 月龄以内的雏鸡感染。这方面的主要措施如下。

①种蛋及孵化器必须认真消毒，最好用甲醛溶液熏蒸消毒，以防止雏鸡刚出壳即被蛋壳上及孵化器中的马立克病病毒感染。

②孵化、育雏场所与养鸡场所要间隔较远的距离，至少要间隔 200 米。农村专业户受条件限制做不到这一点，但也要严防饲养场所的病毒通过人员、用具、空气等媒介传给孵化出的雏鸡。

③载运雏鸡的纸箱、垫草等用品，要求没有接触过鸡、鸡蛋和养鸡场所，并在阳光下暴晒一二天再用。如果接触过鸡或鸡蛋，或在养鸡场所放过，则须经甲醛溶液熏蒸消毒才能使用。

④育雏室及有关用具在进雏前，要彻底清扫洗刷干净，先用 2% 的热烧碱水喷洒或浸泡消毒，再用甲醛溶液熏蒸消毒。

⑤雏鸡在 1 月龄之内，要严密隔离饲养，防止与其他鸡，尤其

是比较大的鸡有任何直接或间接的接触，一般养鸡专业户在这方面会有许多困难，但要尽最大可能去做到。

4. 发现病鸡及时捕杀并消毒场舍　神经型、眼型及皮肤型病鸡容易发现，内脏型和腺胃型最初几只须经解剖才能发现，往后根据进行性消瘦、冠髯萎缩、任何药物无疗效等情况，一般可以识别。这些病鸡无康复希望，而且还会散播病毒、消耗饲料，应尽早处理。鸡舍和运动场要清扫消毒。此外，还要加强对传染性法氏囊及其他鸡病的防治，使鸡保持健康生长。

十、禽传染性脑脊髓炎

禽传染性脑脊髓炎是一种以侵害雏鸡为主的病毒性传染病，其主要特征是病雏运动失调和头颈震颤，产蛋鸡会出现产蛋率突然急剧下降的现象。

病原体是属于肠病毒属的禽传染性脑脊髓炎病毒，其对氯、乙醚、酸、胰蛋白酶等均有抵抗力，对冰冻和干燥的抵抗力较强，病毒在粪便中能存活 4 周以上。病毒的自然宿主为鸡、火鸡、野鸡和鹌鹑等。

（一）诊断

1. 流行特点　本病主要感染 3 周龄以内的雏鸡。本病的传播性极高，可垂直传播和水平传播。病鸡和带毒鸡通过粪便向外大量排毒。水平传播主要通过消化道侵入易感鸡，使之感染发病；垂直传播的途径为：感染后 5~10 天的种鸡所产的蛋带毒，直至感染后 3~4 周内所产的蛋均带毒，入孵则有死胚和带毒鸡。有的雏鸡在出壳后不久即出现临床症状。笔者在临诊中见到 10 日龄左右的雏鸡于免疫接种新城疫Ⅳ系苗后即引起发病。一般雏鸡的发病率为 10%~20%，最高达 60% 以上，死亡率平均为 10% 左右，有的可超过 50%。成鸡感染一般不表现症状，仅为 2 周左右产蛋下降，之后恢复正常。耐

过的成鸡可产生长期的免疫力，且可经种蛋传递给雏鸡。雏鸡的母源抗体可维持 6 周左右，这种雏鸡在易感期内获得一定的保护力。本病一年四季均可发生，主要发生于冬季和春季。

2. 临床症状　本病在潜伏期接触感染的鸡最少为 11 天，经胚胎传递的鸡为 1~7 天。被感染的鸡胚虽不会马上死亡，但生长缓慢，胚胎麻痹，肌肉萎缩无力，80% 的胚因不能啄破卵壳而死亡。自然暴发多见于 1~2 周龄的雏鸡，病初表现为精神不振，之后发生渐进性运动失调，严重的病鸡不能起立或侧立，有的不愿行动或以关节着地行走；头颈呈阵发性震颤，有的还出现晶状体浑浊瞳孔反射消失；病雏鸡始终有食欲，但因不能行走与站立，饮食不便，往往被踩死或衰竭死亡。病程一般为 5~7 天，若精心护理则病程可延长，促使部分鸡康复。成鸡感染后仅见到 1~2 周减蛋，减蛋幅度较大，可下降 30%~40%，但 10 天左右仍可恢复到原产蛋量。

3. 剖检变化　病理剖检没有特征性变化，肉眼所见的病变只有腺胃的肌肉层有一种白色小病灶。大脑、小脑水肿，沟回不清，脑膜下有针尖状或树枝状出血点。成年鸡看不到任何损害。

4. 实验室诊断

（1）琼扩试验　用禽脑脊髓炎抗原测定发病中后期鸡血清中的抗体，若抗原与血清孔间出现清晰可见的沉淀线，可判为阳性。

（2）雏鸡接种试验　取被检病鸡的脑制成悬液，加双抗处理后接种健康易感雏鸡脑内，若 10 天后病鸡出现相同症状，可做出诊断。

（3）鸡胚接种　将病雏鸡脑制成悬液，加双抗处理，接种 5~7 日龄易感鸡胚（应无本病病原）卵黄囊，继续孵化出雏，该试验雏鸡在 10 日龄内出现脑脊髓炎症状，即可做出诊断。

5. 鉴别诊断　本病诊断应注意与鸡新城疫、维生素 B_1、维生素 B_2、维生素 D、维生素 E、硒缺乏症相区别。

（1）与鸡新城疫的区别　常有呼吸困难，剖检时常有喉头气管充血、出血，腺胃乳头有出血等可与之区别。

（2）与维生素 B_1、维生素 B_2、维生素 D 缺乏症的区别　主要表现为头颈扭曲，呈"观星状"角弓反张，补充维生素 B_1 后可较快康复。维生素 B_2 缺乏症主要表现为绒毛卷曲，脚趾向内侧屈曲，跗关节肿胀和跛行，在添加大剂量维生素 B_2 后可很快康复。维生素 D 缺乏症表现为明显的骨软症。

（3）与维生素 E、硒缺乏症的区别　表现为渗出性素质白肌现象和小脑水肿。用相应的维生素及硒添加剂治疗，可以很快见效。

（二）防治

本病目前尚无特效的治疗方法，一般应将病鸡群捕杀深埋，更主要的是采取有效的措施加以防治。

①疫区种鸡应用本病疫苗免疫接种，要求在开产前 3~4 周接种禽脑脊髓炎疫苗，这样开产后的种蛋不会带毒，而且种蛋孵出的雏鸡可得到母源抗体的保护，母源抗体可维持到雏鸡 6 周龄，帮助雏鸡度过易感日龄。

②若种鸡发病，感染后 3~4 周内的种蛋带毒，故产蛋量恢复正常前的种蛋一律不能用于孵化。

③雏鸡发病，一般应淘汰。若鸡群发病率高，症状明显，则更无保留价值。

④有报道以下治疗方法有一定疗效。

三氮唑核苷、氟美松磷酸钠肌肉注射 1 天 2 次，连用 7 天（有症状的鸡用）。

大群用百毒杀 1：8000 倍饮水 5 天；用病毒灵、多种维生素、磺胺嘧啶、微量元素拌料 5 天。

第二节 鸡寄生虫病 〉〉〉

一、球虫病

鸡球虫病是由艾美尔科的各种球虫寄生于鸡的盲肠或小肠引起的一种特异性出血性肠炎，在所有养鸡地区都存在该病。雏鸡和青年鸡的感染率很高，急性球虫病暴发时常造成大批鸡死亡，中度感染主要是影响生长发育，并降低对其他疾病的抵抗力。

（一）诊断

1. 流行特点　主要侵害雏鸡，10 日龄内受母源抗体保护，一般很少发病。病鸡是主要传染源，被污染的饲料、饮水、土壤、衣服、用具等也可机械性传播。发病季节多在温暖多雨的春季和夏季。环境条件和饲养管理对球虫病的发生有重要影响，鸡舍潮湿、通风不良、鸡群拥挤、日粮配合不当、维生素 A 或维生素 K 缺乏，都能使本病发生和流行。

2. 临床症状　盲肠球虫病，初期病鸡精神不振，常缩颈、闭目、呆立，羽毛松乱；食欲减退或废绝，饮欲增加；嗉囊内充满液体，拉稀，稀粪中带有血液，有的全为血液；可视黏膜、冠和髯苍白，病鸡消瘦、畏寒。病末期常发生神经症状，如昏迷、翅轻瘫、运动失调。发病后 1~2 天即可死亡。小肠型球虫病症状与盲肠球虫病相似，但临床上不拉鲜血。

3. 病理变化　盲肠球虫病，可见两侧盲肠显著肿胀，外观呈暗红色，浆膜面有针尖到米粒大小的白色斑点和散在小红点。盲肠黏膜增厚、腔内充满新鲜或凝固的暗红色血液或黄白色干酪样坏死物。小肠型球虫病可见以十二指肠为主的肠道高度肿胀或气胀，肠壁上有散在白色斑点，重者斑点汇成一片，肠腔内充满橙黄色黏液和纤维素块。

4. 病原检查　在球虫整个发育过程中，可出现五种形态，即卵囊、裂殖体、裂殖子、小配子和大配子，发现其中任何一种形态都说明鸡感染了球虫病。在急性球虫病鸡中，往往病鸡出现临床症状或死亡是在球虫的裂殖阶段发生的，因此这时病鸡肠道内找不到卵囊，所以必须将病变盲肠黏膜刮取少量，放在载玻片上，加50%甘油液1~2滴，调和均匀后加盖玻片，置显微镜下观察，看是否有裂殖体和裂殖子等。

（二）防治

1. 治疗　由于患球虫病的鸡食欲不佳，但饮欲增加，故治疗时应选用水溶性抗球虫药物。

（1）磺胺二甲基嘧啶　配成0.1%水溶液，饮用2天后改为0.05%浓度再饮4天。

（2）20%安保乐水溶性粉　25升饮水中加30克替代饮水，连续5~7天，药液现配现用。添加百球清，剂量为25毫克/升，连饮2天。

2. 预防

（1）药物预防　应轮换用药或穿梭用药。

氨丙啉，剂量为125毫克/千克，拌入饲料中，雏鸡从15日龄起喂，可喂至上市。

克球粉，剂量用法同上。

莫能毒素，混入饲料中，剂量为110毫克/千克，雏鸡以15日

龄开始喂至上市前 3 天。

马杜拉霉素（抗球王），剂量为 5 毫克/千克，拌入饲料中，雏鸡 15 日龄起喂至上市前 5 天。

（2）疫苗预防 目前国内外已有人使用球虫活菌苗来预防鸡虫病，取得了令人满意的效果。球虫活菌苗是用活卵囊制成的，它是使雏鸡通过饮水或饲料一次性吃进少量含多种鸡球虫的混合卵囊，雏鸡感染后体内会产生对抗各种鸡球虫侵袭的免疫力。

二、组织滴虫病

鸡组织滴虫病又称黑头病、传染性盲肠肝炎，是由火鸡组织滴虫寄生于鸡的盲肠和肝脏所引起的一种急性原虫病。火鸡的易感性最强。

8 周至 4 月龄的鸡多发，成年鸡也能感染，但病情轻微，有时不显症状。本病多发生于夏季，卫生条件差的鸡场容易发生。

（一）诊断

1. 流行特点 主要感染中雏和青年鸡，3～12 周龄的雏鸡和雏火鸡最易感染，可形成局部地区暴发流行，死亡率很高。成年鸡也可感染，但多呈隐性经过，并成为带虫者。本病主要通过消化道感染，粪便以及被污染的饲料、饮水、器具等均可构成传播媒介。发病多在春末至初秋的暖热季节，鸡群管理条件不善、鸡舍潮湿、饲料质量太差、维生素缺乏等都可成为发病诱因。

2. 临床症状 病鸡表现倦怠，翅下垂，步态僵硬，羽毛粗乱无光泽，闭目缩颈，食欲缺乏或厌食，腹泻，稀粪呈淡黄绿色、有泡沫、臭味大。病鸡消瘦、体重下降，往往衰竭而死。

3. 病理变化 病变主要在盲肠和肝脏。

（1）盲肠典型病变 一般仅一侧盲肠发生病变，但也有两侧盲肠同时受侵袭的。最急性的病例，仅见盲肠发生严重出血性炎症，肠腔中含有血液。在典型病例中，可见盲肠肿大，肠壁肥厚坚实。剖开肠腔，可见内容物干燥、坚实，变成了一种干酪样的凝固肠蕊。肠蕊横切面呈同心圆状，中心是黑色凝固血块，外面包裹着灰白色或淡黄色的渗出物和坏死物质。盲肠黏膜发炎出血并形成溃疡。其表面附着干酪样坏死物质，溃疡有时深达肠壁，可导致穿孔，引起腹膜炎。

（2）肝脏病变　肝脏肿大，表面出现淡黄色或淡绿色圆形或不规则形、中央稍凹陷、边缘稍隆起的坏死病灶。病灶有针尖大，也有黄豆大，甚至有小指头大的，散在或密布于整个肝脏表面。

4. 病原检查　可在病鸡盲肠肠蕊与肠壁之间，刮取少量样品置载玻片上，再加少量（37～40℃）的生理盐水混匀，在400倍显微镜下检查，如见到做钟摆运动的活虫（8～12微米），高倍镜下可见到鞭毛，即可确诊。

（二）防治

1. 治疗　呋喃唑酮（痢特灵），按0.04%的比例混入饲料内，连喂7～10天。甲硝哒唑，按0.06%～0.08%的比例混入饲料中，连喂5～7天。

2. 预防　加强鸡舍清洁卫生，及时清理鸡粪，鸡粪应进行发酵处理。由于异刺线虫卵能携带组织滴虫，故应定期给鸡群驱除鸡异刺线虫，这对预防本病有重要意义。

三、住白细胞虫病

鸡住白细胞虫病是血变科住白虫属的原虫寄生于鸡的白细胞和红细胞内引起的一种血孢子虫病，又称鸡白冠病。病鸡的主要症状是贫血、口腔流血及排绿色粪便。

（一）诊断

1. 流行特点　本病多发于库蠓大量出现的温暖季节，发病区多靠近溪流、浅滩、沼泽地区和水田等。3～6周龄的雏鸡发病率高，死亡率为50%～80%，不过这时候大多数鸡场连续投入抗球虫药，某些抗球虫药如克球粉等对本病也有防治作用，所以生产上本病经常见于大龄青年鸡和初产成年鸡。

2. 临床症状　3～6周龄的雏鸡常为急性型。病雏表现为伏地不起、咯血、呼吸困难，然后突然死亡，死亡前口流鲜血。亚急性型表现为精神沉郁，厌食，羽毛松乱，伏地不起，流涎，贫血，鸡冠和肉髯发白，下痢，粪成绿色，呼吸困难，常于1～2天死亡。大雏和成年鸡多为慢性，临床上呈现精神不振，鸡冠苍白，腹泻，粪成绿色，含多量黏液，体重下降，发育迟缓，产蛋量下降或停止产蛋，维持一个月左右，死亡率不高。

3. 病理变化　口腔内有鲜血，冠苍白，全身皮下出血，肌肉尤其是胸肌及腿肌有出血点或出血斑，各内脏器官广泛出血，特别多见于肺、肾和肝脏，严重的可见两侧肺充满血液，肾包膜下有出血块，其他器官如心、脾、胰及胸腺等也见点状出血，腭裂常被带血黏液充塞，有时气管、胸腔、嗉囊、腺胃及肠道内见大量积血。肌肉尤其是胸肌、腿肌及心肌和肝、脾等器官常见到白色小结节，如针尖至粟粒大小，同周围组织有明显界线。

4. 病原检查　可取病鸡末梢血液一滴，涂成薄片，或以肺、肾、肝、脾、骨髓等器官做成抹片，瑞氏液或姬氏液染色，显微镜检查，发现配子体，也可取肌肉中小白结节，压片检查，发现裂殖体。卡氏住白细胞虫的成熟配子近似圆形，沙氏住白细胞虫成熟配子为长形。

（二）防治

1. 治疗　磺胺-6-甲氧嘧啶（SMM），按0.2%浓度混入饲料中，连喂 4~5 天。

呋喃唑酮，按 0.015% 浓度混入饲料中，连喂 4~5 天。

克球粉，按 0.4% 浓度拌入饲料中，连喂 5~7 天。

2. 预防　扑灭本病的传播媒介，即库蠓和蚋。一是给鸡舍装配细眼纱窗；二是改善鸡舍环境卫生，经常清洁鸡舍附近杂草、水坑、畜禽粪便等；三是用马拉硫磷液（浓度 6%~7.7%）喷洒鸡舍，杀死鸡舍内的库蠓和蚋，每次喷洒杀伤期在 3 周以上。

在疾病流行地区，进行药物预防。

乙胺嘧啶：按 0.0001% 浓度混入饲料中。

呋喃唑酮：按 0.01% 浓度混入饲料中。

克球粉：按 0.05% 浓度混入饲料中。

四、绦虫病

在我国，常见的鸡绦虫病是由属于戴文科的赖利和戴文属的四种绦虫引起的。本病在我国分布较广，特别是农村的散养鸡和鸡舍简便的鸡场危害较严重。

（一）诊断

1. 流行特点　本病可感染各种年龄的鸡，最易感染的是 17~40 日龄的雏鸡和青年鸡。病鸡和带虫鸡是传染源，被污染过的鸡舍场地是重要的传播媒介。虫卵对外界的抵抗力不强，严寒时迅速死亡，但被吞食后可随中间宿主越冬。饲养管理条件低劣的鸡场更易出现本病的流行。若采用笼养或能隔断蚂蚁、甲虫的场舍养鸡群，同时又能获得全价饲料，则本病的发病率较低。

2. 临床症状　绦虫对鸡的危害在于夺取养分，损伤肠壁以及代谢产物使鸡体中毒。感染较重时，病鸡生长受阻或产蛋减少，精神沉郁，羽毛蓬乱，缩颈垂翅，常蹲伏于一隅，采食少而饮水多，粪便稀薄、有时带血，可视黏膜苍白或黄染。有些绦虫的代谢产物会使鸡中毒引起腿脚麻痹、进行性瘫痪，以及头颈扭曲等症状。常见雏病鸡因瘦弱衰竭或伴有继发病而死亡。

3. 病理变化　剖检可见小肠黏膜肥厚，点状出血。肠腔内有多量黏液，恶臭，黏膜贫血和黄染。患有棘盘赖利绦虫病的鸡，十二指肠黏膜有结核结节，结节中央有粟粒大的凹陷，凹陷内可以找到虫体或黄褐色疣状凝乳样栓塞物，也有变为疣样溃疡。

4. 病原检查　对可疑病鸡群，可用氯硝柳胺驱虫，然后收集粪便，检查有无虫体，也可剖检查虫。虫体乳白色，外形似舌，很小，长 0.5~3 毫米，由 3~5 个节片组成（节片戴文绦虫），节片由前往后逐个增大。用饱和食盐水漂浮法查虫（赖利绦虫、棘沟和四角赖利绦虫）卵，虫卵包在卵囊内，每个卵囊内含 6~12 个虫卵。有轮赖利绦虫的每个虫含 1 个虫卵，每个虫卵含 1 个六钩蚴。

（二）防治

1. 治疗

硫双二氯酚：150 毫克/千克，拌入饲料中。

氯硝柳胺：100~150 毫克/千克，拌入饲料中。

丙硫苯咪唑：20 毫克/千克，拌入饲料中。

吡喹酮：20 毫克/千克，拌入饲料中。

以上治疗药物均为一次性喂服。

2. 预防　在流行地区应进行预防性驱虫，特别是雏鸡，每年2~3 次。搞好鸡舍环境卫生，粪便进行生物热处理。

不同日龄的鸡不能混养，防止成年鸡排出的卵囊侵袭易感性高的幼年鸡。

五、蛔虫病

鸡蛔虫病是 4 月龄以下幼鸡的常见病，有时也见于成年鸡，引起鸡只生长发育迟缓至停滞，甚至发生死亡，造成经济损失。

（一）诊断

1. 流行特点　本病的发生和流行，与雏鸡的营养水平、环境条件、清洁卫生、温度、湿度、管理质量等因素有关。本病主要侵害 2~4 月龄的鸡，3 月龄的鸡最易感，1 岁以上的鸡可带虫，但一般不发病。

2. 临床症状　病鸡常表现为精神萎靡，营养不良，羽毛松乱，鸡冠苍白，行动迟缓，常呆立不动，消化机能紊乱，食欲减退，以后逐渐衰竭死亡。严重感染的成年鸡，亦表现出下痢、贫血和生产性能降低等症状。

3. 病理变化　小肠中除有大量黏液，还可发现虫体。由于蛔虫侵入肠黏膜，破坏黏膜和肠绒毛，造成出血和发炎，在肠壁上常形成寄生性结节，严重感染时，成虫大量积聚于肠道，可引起肠阻塞、肠破裂和腹膜炎。

4. 病原检查　常用饱和食盐水漂浮法收集粪便中的虫卵。虫卵呈扁椭圆形，灰褐色，卵壳两层、平滑，新排出时含单个胚细胞。鸡蛔虫和鸡异刺线虫应予以区别，剖检肠道用放大镜检查内容物中的幼虫时，蛔虫幼虫尾部短、急行变尖；异刺线虫幼虫尾部较长，逐渐变成线。

（二）防治

1. 治疗

丙硫苯咪唑：5 毫克/千克，拌入饲料中一次内服。

枸橼酸哌哔嗪（驱蛔灵）：200 毫克/千克，拌入饲料中一次内

服或配成 0.1% ~ 0.2% 水溶液饮服。

磷酸左咪唑：20 毫克/千克，拌入饲料中一次内服。

噻苯唑：500 毫克/千克，拌入饲料中一次内服。

2. 预防　蛔虫病流行的鸡场，每年应进行两次定期驱虫。雏鸡于 2 ~ 3 日龄时驱虫 1 次，当年秋末进行第二次驱虫；成年鸡第一次驱虫安排在 10 ~ 11 月份，第二次驱虫放在春季产蛋季节前一个月进行。病鸡随时进行治疗性驱虫，驱虫后 2 天内排出的粪便应做发酵处理。也可以进行药物预防，在每千克饲料中加入 25 克酚噻嗪，每周 1 次，有预防效果。

六、禽隐孢子虫病

隐孢子虫病是一种人畜共患的原虫病。鸡和其他禽类感染隐孢子虫的报道主要在 20 世纪 70 年代以后，我国很少有报道。

（一）诊断

1. 流行特点　隐孢子虫感染发生于 11 周龄以内的鸡，在试验条件下，6 月龄的鸡也可被感染。隐孢子虫可在同种和异种鸟之间传播，一般不从鸟粪传播给哺乳动物，但可能发生由哺乳动物向鸟类的传播。

2. 临床症状　病鸡表现为精神沉郁，嗜睡，食欲缺乏，体重不增，咳嗽，发出咕噜声，消化不良，眼结膜囊、鼻道等有大量黏性渗出物。

3. 病理变化　雏鸡感染隐孢子虫后，体内受侵害器官较为广泛，在器官组织中发现虫体数天，一部分上皮细胞即已增殖，并见炎性细胞浸润和结缔组织增生而造成的局灶性膨隆；另一部分上皮细胞则萎缩，坏死甚至脱落，形成局灶性凹陷，由此使器官黏膜高低不平，出现皱缩。肉眼可见的病变有：鼻窦肿胀、肺脏呈灰红色、肿胀，气囊混浊，法氏囊萎缩，肝脏呈花斑状。

4. 病原检查　由于该病的流行病学和症状、病理变化都不是特异的，因此需进行组织学诊断和粪便检查才能确诊。以呼吸道上皮和渗出物直接做鉴别染色或粪便涂片做荧光染色，有助于快速鉴别虫体。卵体呈卵圆形或近似球形。

（二）防治

目前无有效的治疗药物。10%甲醛溶液溶液和5%氨溶液，可用于卵囊所污染器物的消毒，但必须作用18小时后才能使卵体死亡。

七、异刺线虫病

鸡异刺线虫病又称鸡盲肠虫病，是由异刺科异刺属的鸡异刺线虫寄生于鸡盲肠内所引起的一种寄生虫病，火鸡、鸡等均可感染。

（一）诊断

1. 流行特点　各种年龄的鸡均可感染本病，鸡群营养不良，特别是钙、磷等矿物质缺乏，会降低对异刺线虫的抵抗力。大多是鸡直接吃入成熟的虫卵而引起发病，也有时是虫卵被蚯蚓吞食，鸡食入蚯蚓而导致感染。

2. 临床症状　病鸡表现为食欲缺乏或废绝，下痢，精神沉郁，消瘦，贫血，生长发育受阻，逐渐衰弱而死亡。成年母鸡的产蛋量下降或停止。

3. 病理变化　病鸡尸体消瘦，剖检可见盲肠肿大，肠壁发炎，增厚或有溃疡，在盲肠尖部可发现虫体。组织滴虫可生活在异刺线

虫卵内，受到卵壳保护而存活很长时间。异刺线虫病和组织滴虫病往往俱发。

4. 病原检查　可用饱和食盐水漂浮法检查。虫卵呈椭圆形、灰褐色，两层卵壳，壳厚、光滑，内含单个胚细胞。

（二）防治

1. 治疗

噻苯唑：500毫克/千克，混入饲料中一次内服。

硫化二苯胺：中雏0.3~0.5克/只，成年鸡0.5~1.0克/只，拌入饲料中内服。

丙硫苯咪唑：400毫克/千克，拌入饲料中中一次内服。

甲苯唑：30毫克/千克，拌入饲料中一次内服。

2. 预防　着重抓好计划性驱虫和粪便无害化处理。

八、前殖吸虫病

前殖吸虫病是由斜睾科前殖属的一些前殖吸虫所引起的鸡的雌性生殖器官的病。在我国华东地区发生的鸡的前殖吸虫主要是卵圆前殖吸虫和楔形前殖吸虫两种。

（一）诊断

1. 流行特点　前殖吸虫寄生于鸡、火鸡及某些野禽。本病常呈地方性流行，以华东、华南地区较为多见，常发生于春、夏两季，各种年龄的鸡均可感染，可引起鸡产软壳蛋或无壳蛋，严重时可造成鸡的死亡。

2. 临床症状　病初期，鸡食欲减退，产蛋仍正常，但蛋壳软而薄、易破，继而产蛋量下降，逐渐产畸形蛋，有时仅排出卵黄或少量蛋白。随着病情的发展，患病鸡食欲减退，进行性消瘦，羽毛粗乱、脱落，产蛋停止。病鸡常留在鸡舍内，有时从泄殖腔排出卵壳的碎片或流出石灰水样液体，有些病鸡腹部膨大，泄殖腔突出，肛门潮红，重症鸡可发生死亡。发生腹膜炎时，体温升高。

3. 病理变化　主要病变为输卵管炎，输卵管黏膜充血、肥厚，黏液增多，在管壁上可找到虫体，虫体扁平，外观呈梨形，新鲜虫体呈鲜红色，较透明，内部器官清晰可见。发生腹膜炎时，在腹腔内有大量黄色混浊的渗出液，有时出现干酪样腹膜炎。

4. 病原检查　常用粪便水沉淀法检查虫卵，虫卵比较小，椭圆形、棕褐色，前端有一卵盖，后端有一小突起，内含一毛蚴。

（二）防治

1. 治疗　早期治疗效果好，本病一般流行于5~7月份，故宜在春末夏初普查鸡群，发现病鸡应及时隔离并治疗。

丙硫苯咪唑：100毫克/千克，混入饲料中一次内服。

硫双二氯酚：100~200毫克/千克，混入饲料中一次内服。

四氯化碳：2~3毫升/只，用细胶管插入食道灌服或用注射器做嗉囊注射。

2. 预防　在本病流行季节，进行预防性驱虫；消灭第一中间宿主豆螺、旋螺等淡水螺，切断传播途径，防止鸡只啄食第二中间宿主蜻蜓及其幼虫。

九、外寄生虫病

鸡外寄生虫主要有羽虱、鸡螨和蜱。

（一）羽虱

羽虱是鸡的一种永久性寄生虫，分布广泛，严重侵袭时对鸡危害很大。临床表现为：患病鸡奇痒、不安，影响休息和采食，因啄痒而伤及皮肤，羽毛脱落，常引起食欲缺乏、消瘦和生产性能降低。每一种羽虱均有其一定的宿主和一定的寄生部位，但一只鸡常被数

种羽虱寄生。用手翻开鸡体各部分的羽毛，即可发现羽虱，为淡黄色，长 1~4 毫米，胸部有 6 只脚，头扁圆。

防治可采用以下几种药物：

2.5% 溴氰菊酯，以 1：4000 比例稀释，喷雾鸡体或药浴，隔 7~10 天再进行 1 次。

蝇毒磷，配成 0.25% 水溶液，喷雾鸡体或药浴。

马拉硫磷，配成 2% 水溶液，喷雾鸡体或药浴。

（二）鸡螨

鸡螨也称鸡刺皮螨和红螨，我国各地均有发现。在现代化大型多层笼养鸡中也普遍存在。鸡螨一般栖息于鸡舍墙缝、鸡笼焊接处、饲料渣及粪块下面，昼伏夜出。临床表现为：鸡奇痒，常啄咬痒处，影响休息和采食，导致鸡体日渐消瘦、贫血，成年母鸡的产蛋量下降。虫体呈椭圆形，有 8 只脚（幼虫 6 只），棕褐色或棕红色，前端有长的口器，雄螨长 0.6 毫米，雌螨长 0.72~0.75 毫米，吸饱血可长达 1.5 毫米左右。

防治可采用以下药物：

敌百虫，配成 0.2% 水溶液，直接喷洒于鸡螨栖息处。

溴氰菊酯，将 2.5% 溴氰菊酯以 1：2000 倍稀释后，喷洒于鸡螨栖息处。

马拉硫磷，配成 0.5% 水溶液，直接喷洒于鸡螨栖息处。

上述药液应于 7~10 天后再处理 1 次。

（三）蜱

当蜱侵袭鸡时，鸡会消瘦、产蛋量下降，并能引起蜱性麻痹。防治方法为堵塞墙壁缝隙和裂口，定期清除垃圾和灰尘，用石灰水涂抹墙壁，这样可以减少蜱的数量。

第三节 鸡中毒病 >>>

一、食盐中毒

食盐是家禽类日粮中的必需营养物质。若鸡吃食大量食盐，则可能引起伴有胃肠炎和腹泻的消化道炎症。

（一）诊断

1. 病因调查　饲料中食盐含量过高，或加喂咸鱼粉等含盐的加工副产品；饥饿的雏鸡大量地吃入食槽底部饲料中的盐类沉积物；食入的食盐量并不多，但饮水不足；鸡群发生啄肛、啄肉癖时，用含食盐2%的饲料喂2~3天具有一定防治作用，但如果用量加大、喂的时间过长或饮水供应不足，都有可能造成食盐中毒。

2. 临床症状　病鸡无食欲但饮欲极强，口、鼻流出大量分泌物，下痢，神经过敏，步态不稳或瘫痪；后期呈昏迷状态，呼吸困难，嘴不断地张合，头颈弯曲，卧地挣扎不起，最后衰竭死亡。

3. 病理变化　可见皮下组织水肿，腹腔和心包积水，肺心肿，消化道充血、出血，脑膜血管充血扩张，腺胃和小肠有卡他性或出血性炎症，肾脏和输尿管有尿酸盐沉积。

（二）防治

发现疑似食盐中毒的迹象时，首先要立即停用可疑饲料和饮水，送有关部门检验，改换新鲜的饮水和饲料；应给病鸡间断地逐渐增

加用水，否则，一次大量饮入水，会加快食盐的吸收和扩散，反而使症状加剧。对大多数鸡来说，采取上述措施会得到痊愈。

严格控制鸡的食盐进量，在饲料中必须搅拌均匀，盐粒应粉细，保证提供足量的水。

二、一氧化碳中毒

一氧化碳中毒是由于鸡吸入一氧化碳气体所引起的以血液中形成大量碳氧血红蛋白所造成的全身组织缺氧为特征的中毒性疾病，往往导致雏鸡大批死亡。

（一）诊断

1. 病因调查　育雏舍以煤炉作为热源时，如果烟囱堵塞、倒烟、漏烟或用无烟煤燃烧而不用烟囱时，易产生大量一氧化碳。此时，如果舍内门窗紧闭、通风不良，则一氧化碳不能及时排出，易造成急性中毒。

2. 临床症状　雏鸡轻度中毒时，精神呆滞，不活跃，羽毛松乱。严重中毒时，先表现为烦躁不安，不久变为呼吸困难、运动失调、呆立、昏睡，死前发生痉挛和惊厥。

3. 病理变化　剖检病鸡可见血液和各脏器都呈鲜樱桃红色。

（二）防治

发生中毒时，如有条件最好迅速将雏鸡转送到另一空气新鲜、温度适宜的育雏舍内。无此条件的应立即打开门窗，换入新鲜空气，同时检修煤炉的烟囱问题，确保中毒不再发生。

预防本病主要是在育雏舍或鸡舍采用煤火取暖时进行，必须注意做好通风工作，以确保舍内空气新鲜。

三、硫酸铜中毒

硫酸铜是微量元素添加剂的一种成分，对雏鸡曲霉菌病有一定的预防和辅助治疗作用。当饮水中浓度达 1/500 时，即可引起中毒。

（一）诊断

1. **病因调查**　用量过大或连续使用时间过长（连用一般不超过10 天）；鸡只食入硫酸铜结晶。

2. **临床症状**　轻度中毒表现为精神不振、生长受阻、肌肉营养不良；严重中毒时，先表现兴奋，然后表现抑制、萎靡衰弱、麻痹、昏迷乃至死亡。

3. **病理变化**　食道下部嗉囊黏膜因受硫酸铜的腐蚀而发生凝固性坏死，胃肠黏膜有炎性出血，肝、肾、心等器官有炎症或变性。慢性中毒的病例，还可见红细胞溶解的现象。

（二）防治

发生轻度中毒时，只要更换不含硫酸铜的饲料就可逐渐康复。急性中毒的雏鸡，可用蛋清水（一个鸡蛋加水一杯搅匀）经口灌服，每只 3~5 毫升。

当饲料或饮水中添加硫酸铜时，应严格掌握剂量。

四、高锰酸钾中毒

高锰酸钾多用于雏鸡的消毒饮水或微量元素补充剂，具有杀菌作用，但浓度过高会对消化道有刺激和腐蚀作用，还能被吸收入血液，损害肾脏和脑，由于钾离子对心脏有抑制作用，还可能导致鸡只死亡。

（一）诊断

1. 病因调查　调查鸡只饮服高锰酸钾的历史，是否服用浓度过高；治疗消化道疾病时，是否滥用高锰酸钾。

2. 临床症状　病鸡多呈呼吸困难，有的腹泻，严重中毒的鸡常于 24 小时内突然死亡。

3. 病理变化　中毒鸡口、舌和咽部黏膜变紫红色、水肿，有些病例的嗉囊、胃肠有腐蚀和出血现象，严重时嗉囊黏膜大部分脱落。

（二）防治

用清水冲洗中毒鸡的嗉囊或者灌服牛奶、蛋清和油类；给中毒鸡群提供足量的清洁用水。

现用现配的高锰酸钾溶液使用效果最佳，其在饮水中的浓度应把握在 0.01%~0.03%，可持续饮用 2~3 天。

五、磺胺类药物中毒

在治疗鸡的细菌性疾病时经常会用到磺胺类药物，如果使用不正确就会出现中毒现象，但严重的中毒情况很少出现。

（一）诊断

1. 病因调查　根据实际情况，综合分析用药的种类、剂量、添加方式、用药天数以及供水情况。毒性的严重程度取决于不同因素：首先，药物的种类影响着毒性大小，不同药物对同种鸡的毒性大小不同，对仔鸡而言磺胺二甲嘧啶毒性最大，毒性稍小的是磺胺喹噁啉和磺胺脒等；其次，增效剂的分量影响着毒性的大小，单纯的磺胺药剂量大，毒性大，含增效剂含量小，毒性也小；最后，剂量和使用时间也会影响毒性的大小。

2. 临床症状　病雏鸡出现抑郁，食欲下降，渴欲增强，腹泻，排酱油色粪便，鸡冠苍白，偶见头部肿大成蓝紫色。个别病鸡会出现痉挛、麻痹等症状。成年病母鸡表现为产蛋量明显下降，蛋壳薄且粗糙、褪色或有下软蛋的现象出现。

3. 病理变化　病鸡会出现全身出血性。大小不同的出血点分布在皮下，胸肌出血为弥漫性或刷状，大腿内侧出血为肌斑状，肌、腺胃黏膜交界处出血为条纹状，十二指肠黏膜出血；胆囊、肾脏肿大，表面出现出血斑点；肝肿大，呈紫红或黄褐色，表面出现出血点或斑；盲肠内充满酱油色物质。

（二）防治

出现临床症状后马上停药，提供足量的放有1%～2%的小苏打的饮水。中毒早期服用甘草糖水即可；在饲料中掺入适量维生素C、维生素K，连续喂养数日也可。

正确预防本病的方法一般有：磺胺类药物不适宜给3周龄内的雏鸡和产蛋鸡食用，必要时可使用含有增效剂的磺胺药物代替，例如复方新诺明、复方敌菌净等，并且需要注意严格控制剂量、疗程，还要保证提供足量的饮水。

六、喹乙醇中毒

喹乙醇又叫作快育诺、倍育诺、喹酰胺醇等。其优点是对提高鸡的生长率、改善饲料转化率及抗菌起到一定的作用，使用便捷，不会轻易产生耐药性。基于以上的优点，它得到了养鸡户的青睐，但如果使用不恰当可能导致中毒。

（一）诊断

1. 病因调查　没有正确了解喹乙醇添加剂的性质；与饲料混合不均匀，部分鸡只因误食过量而导致中毒；使用过量或重复添加导

致鸡只中毒。

2. 临床症状 病鸡出现缩头、鸡冠呈紫黑色、食欲下降或厌食、排黄白色稀粪的状况。死亡速度因情况严重程度而定，严重的一日内即会死亡，程度轻的在3~5日内死亡。死前出现痉挛、角弓反张的症状。

3. 病理变化 病鸡表现出明显的败血症状。心肌出现出血点，胆囊肿大、充满绿色胆汁，肾肿大充血，肝脏肿大、质地脆弱、切面多血糜烂。

（二）防治

1. 治疗 此类中毒没有特效解毒方法。要马上停止此药的饲喂，加强对病鸡的护理，提供充足的新鲜青菜和饮水，以降低死亡率。

2. 预防 严格按照我国《兽医药品规范》规定的标准量使用添加剂，标准量为每千克家禽饲料添加喹乙醇25~35克。只有正确的用量和用药时间，才能起到防治细菌性疾病的疗效。标准的预防量为每千克饲料添加80~100克，连续使用一周后停药3~5天；标准的治疗量为病鸡每千克体重20~30毫克与饲料混合均匀，每日1次，连续喂服2~3天，必要时隔几日重复一个疗程。

七、呋喃类药物中毒

临床上呋喃类药物中使用最普遍的有三种：呋喃唑酮（痢特灵）、呋喃西林及呋喃旦啶。现阶段最常见的是痢特灵，如果用药过量或用药时间过长，都会导致鸡只出现中毒现象。

（一）诊断

1. 病因调查 用药过量或用药时间过长；没有在饲料或饮水中

混合均匀就被鸡只误食；呋喃类药物用量掌握不准、使用不恰当，都可能导致中毒。

2. 临床症状　中毒程度严重的病鸡，在喂药后极短的时间内即会死亡，常伴有精神不振、闭眼缩颈、呆立或兴奋鸣叫等症状。除此之外，偶见病鸡出现做转圈运动、头颈反转、倒地痉挛，最后震颤死亡的现象，也会出现倒地后两腿伸直的姿势。发病快的在出现症状后十多分钟内就会死亡，通常情况下在 3 小时内毒性发作，中毒身亡。

3. 病理变化　有黄色黏液充满口腔内部，嗉囊扩张，有部分肌胃角质层出现脱落现象。病程长短不同，症状也不同，病程较长的肝脏充血肿大，胆囊扩张，出现出血性肠炎，整个消化道内充满黄色物质。

（二）防治

1. 治疗　现阶段没有特效解毒药，可试用以下方法治疗。首先要马上停用此药。然后给病鸡注射每千克体重 5～10 毫克的维生

素 C 制剂，每日 2 次；或者给病鸡饮用 5% 葡萄糖水或经口滴服
10% 葡萄糖水。

2. 预防　最好不使用呋喃西林作为药用，如必须使用则要严格
控制用量和疗程。注意和饲料搅拌均匀，用药时间不得在 2 周以上，
更不能为了达到治疗目的而盲目增加剂量。

八、亚硝酸盐中毒

绿色蔬菜中均含有硝酸盐，像青菜、包菜叶、幼嫩的高粱苗、
玉米苗等，但是如果堆积发酵或蒸煮不透，则硝酸盐会转变为亚硝
酸盐。有时在鸡的嗉囊等消化道中的微生物也可将硝酸盐还原为亚
硝酸盐。亚硝酸盐一旦进入细胞中，就会将低铁血红蛋白还原为高
铁血红蛋白，使细胞的携氧能力消失，从而引起机体缺氧。

（一）诊断

1. 病因调查　在农村中把青绿饲料和残次菜叶用作鸡的饲料是
普遍现象，如果处理不当，就很容易导致出现中毒现象。

2. 临床症状　缺氧症为主要的临床症状。表现为呼吸困难，抽
搐，卧地不起，严重的会因窒息死亡。

3. 病理变化　主要病症为血液呈酱油色或棕褐色，血液凝固不
流动，肝、脾、肾等脏器出现淤血。

4. 实验室检测　将 30 滴病料液滴在滤纸上，混合 10% 联苯胺
和 10% 醋酸，取 1 滴滴在滤纸上，如果出现棕红色，就表明存在
硝酸盐。

（二）防治

1. 治疗　静脉注射用量为 1 毫升/千克的 1% 美蓝溶液；适当使
用维生素 C；静脉注射或腹腔注射 5% 甲苯胺盐溶液，也会起到一定

的作用。

2. 预防　尽量避免给鸡饲喂腐烂变质或发酵的青绿饲料及残次菜叶，必要时可现切现喂，保证清洁和新鲜。切记不可切碎煮闷在锅中慢慢地喂。

九、棉籽饼中毒

棉籽饼的蛋白质含量丰富，但也含有有毒的棉酚色素等物质。棉酚在体内排泄的时间较长，所以棉籽饼中毒又名为蓄积性慢性中毒。

（一）诊断

1. 病因调查　棉籽受到高温高压的作用后，棉酚和蛋白质结合就不会产生毒性，具有毒性的是未与蛋白质结合的游离棉酚。不论是棉籽饼还是棉仁饼，如果发热变质，其游离棉酚的含量就会增加，毒性也就会加大，所以用棉仁饼作为配料，常常会出现中毒现象；如果饲料中蛋白质、钙、铁和维生素 A 不足，鸡对棉酚中毒的敏感性会增加。

2. 临床症状　病鸡出现厌食现象，体重下降，体质衰弱，呼吸困难，抽搐，血液循环衰竭。急性中毒病雏出现直立倒退、摔倒的症状。偶尔会出现贫血、缺失维生素 A 及钙等的症状。母鸡出现产蛋率和蛋孵化率下降、蛋清发红色、蛋黄变为菜青色的症状。

3. 病理变化　可见胃肠炎，胸腔和腹腔有积液出现，肝、肾肿大，肺水肿。母鸡卵巢和输卵管呈高度萎缩状，中毒程度严重的出现心肌松软无力、血管壁通透性增强的症状。

（二）防治

1. 治疗　对病鸡需停止饲喂含有棉籽饼和棉仁饼的饲料，多添加青绿饲料，添加适量维生素进行辅助治疗，1~3周后可逐渐恢复。

2. 预防　毒性减小后的棉籽饼可采用以下几种方法搭配喂料。

（1）干热法　将棉籽饼在80~85℃中干热2小时或在100℃中干热半小时。

（2）煮沸法　把棉籽饼打碎放入水中，煮沸1~2小时，如有条件可再放入10%的谷物同煮。

（3）碱处理　用2%石灰水或2.5%草木灰水浸泡24小时后用清水洗净便可使用。